KB138986

노벨상을 꿈꿔라 3

― 2017 노벨 과학상 수상자와 연구 업적 파헤치기 ―

노벨상을 꿈꿔라 3

1판 2쇄 발행 2020년 2월 28일

글쓴이   김정 이정아 이윤선
펴낸이   이경민

펴낸이   이경민
펴낸곳   ㈜동아엠앤비
출판등록 2014년 3월 28일(제25100-2014-000025호)
주소   (03737) 서울특별시 서대문구 충정로 35-17 인촌빌딩 1층
전화   (편집) 02-392-6901 (마케팅) 02-392-6900
팩스   02-392-6902
전자우편 damnb0401@naver.com
SNS   📘 📷 blog

ISBN 979-11-88704-11-8 (43400)

※ 책 가격은 뒤표지에 있습니다.
※ 잘못된 책은 구입한 곳에서 바꿔 드립니다.
※ 이 도서의 국립중앙도서관 출판예정도서목록(CIP)은 서지정보유통지원시스템 홈페이지(http://seoji.nl.go.kr)와
   국가자료공동목록시스템(http://www.nl.go.kr/kolisnet)에서 이용하실 수 있습니다. (CIP제어번호 : CIP2017034878)

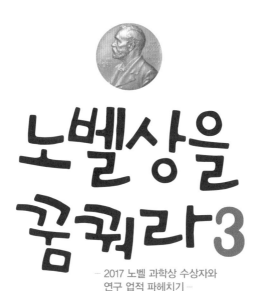

노벨상을 꿈꿔라3

— 2017 노벨 과학상 수상자와
연구 업적 파헤치기 —

김정 이정아 이윤선 | 지음

동아엠앤비

들어가며

🫗🧪📐📋 ∴ 🧪⚗️ 2017 노벨상 시즌에는 기분 좋은 소식이 들려왔어요! 한국인 과학자가 이그노벨상을 수상했거든요.

연구 내용은 더 큰 관심을 끌었어요. '커피를 들고 걸을 때 흘리지 않는 방법'에 대한 실험이었거든요. 커피나 음료수가 담긴 컵을 들고 길을 걷다 보면 내용물이 밖으로 흘러넘치는 경우가 많아요. 심지어 뚜껑을 닫은 컵도 컵과 뚜껑이 만나는 틈새를 통해 음료가 새어나오지요. 만약 음료가 뜨거운 상태라면 다칠 수도 있어요.

미국에서 물리학을 공부하는 한지원 씨는 일상생활에서 느꼈던 불편함에 주목했어요. 이러한 불편함을 해결하기 위해 과학을 이용했지요. 그 결과 걷는 동안 컵 속의 음료가 어떻게 움직이는지, 왜 움직이는지 과학적으로 분석하는 데 성공했어요. 또한 음료를 덜 흘릴 수 있는 컵의 모양과 잡는 방법을 찾아냈답니다.

이렇게 과학은 일상생활에서 느낀 호기심에서 시작되는 경우가 많아요. '왜 이런 현상이 일어나는 걸까?', '이 불편함을 해결할 수 있는 방법은 없을까?'와 같은 사소한 궁금증이지요. 그리고 과학자들은 궁금증을 해결하는 과정에서 자연 현상을 이해하고, 더 편하고 좋은 발명품을 개발할 수 있었답니다.

2017 노벨 과학상을 수상한 과학자들도 마찬가지였어요. 눈에 보이지 않는 세계에 대해 궁금해했고, 사과가 나무에서 땅으로 떨어지는 현상에 관심을 가졌어요. 또 시간에 맞춰서 잠이 오고, 배가 고픈 몸의 변

화에 호기심을 느꼈지요. 이러한 과학자들의 호기심 덕분에 우리는 우리 몸과 자연에서 일어나는 현상을 더 쉽게 이해할 수 있었어요. 나아가 '질병'의 원인을 밝히고, 효과적인 약을 개발했기 때문에 우리는 더욱더 건강하고 편안하게 살아갈 수 있게 되었답니다.

어때요?! 과학의 세계가 정말 매력적으로 느껴지지 않나요~! 하지만 아직도 많은 친구들이 '과학' 하면 '어려운 과목'이라는 생각을 하고 있는 것 같아요. 걱정하지 마세요. 이 책을 선택해서 읽고 있는 친구들이라면, 이미 과학과 친해질 준비가 된 거랍니다. 작은 관심과 궁금증에서부터 시작해 보세요. 책을 읽으며 이해가 되지 않는 부분, 더 알고 싶어진 부분이 있다면 체크해 놓는 거예요. 그리고 인터넷에 검색해 보거나 관련 책을 더 찾아보는 거지요. 내가 궁금해한 내용을 해결하는 과정에서 과학 지식은 저절로 쌓이고, 내용을 알아갈수록 과학은 점점 더 재밌어질 거예요!

책의 마지막에는 내용을 잘 이해했는지 확인해 볼 수 있는 문제도 준비돼 있어요. 틀리는 것을 두려워 말고, 풀어 보세요. 모르는 문제는 앞으로 가서 내용을 확인하고 다시 풀어 보는 것도 좋답니다!

자, 그럼 친구들의 호기심을 자극해 줄 2017 노벨 과학상 수상자들의 이야기를 지금부터 만나 보세요!

2017년, 새로운 도전을 꿈꾸며

차례

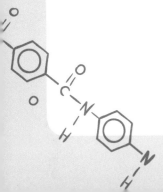

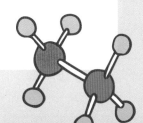

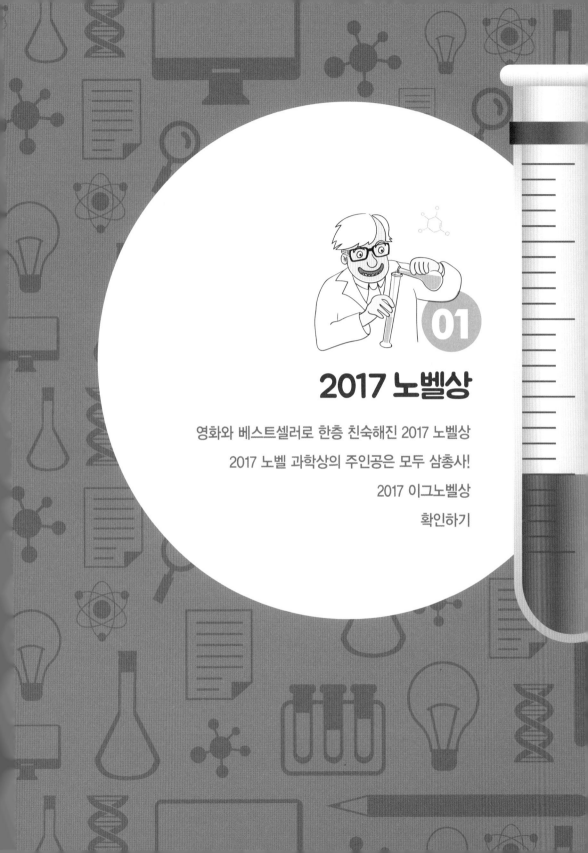

01

2017 노벨상

 **영화와 베스트셀러로
한층 친숙해진 2017 노벨상**

　　　　　　　우리나라에서는 황금연휴가 이어지던
2017년 10월 초, 노벨상 수상자 명단이 발표됐어요. 2일 노벨 생리의학상
을 시작으로 9일 노벨 경제학상까지 수상자들이 차례로 공개됐지요.

　2017 노벨상 수상자들을 지켜보며 많은 사람들이 이전 노벨상에 비
해 친숙하게 느꼈을 것 같아요. 가장 어려운 노벨 과학상 분야만 해도
꼭 정확하게 아는 개념은 아니더라도 '생체시계', '중력파', '전자현미경'
과 같이 한 번쯤 들어 본 분야에서 수상자가 나왔거든요.

　또 수상자들 가운데는 베스트셀러나 영화로 잘 알려진 사람들이 많아
요. 예를 들어 노벨 물리학상 수상자 중 한 사람인 킵 손 미국 캘리포니아
공대 명예교수는 우리나라에서 천만 명이 넘는 관객을 모은 영화 〈인

터스텔라〉의 과학 자문을 맡으면서 유명해졌어요. 세계적인 이론 물리학자라고 하면 어렵게만 느껴지지만, 영화 〈인터스텔라〉의 제작자라고 하면 친숙하게 느껴지지요.

노벨 문학상 수상자인 가즈오 이시구로 작가 역시 대표작들이 영화로 잘 알려졌어요. 특히 《남아 있는 나날》은 할리우드 스타 앤서니 홉킨스가 출연한 같은 이름의 영화 〈남아 있는 나날〉로, 《나를 보내지 마》는 배우 키이라 나이틀리가 출연한 영화 〈네버 렛 미 고〉로 만들어져 더욱 친숙하지요. 흔히 노벨 문학상 수상작이라고 하면 작품성은 높지만 재미없는(?) 경우가 많은데, 가즈오 이시구로 작가의 소설은 재미와 감동을 동시에 느낄 수 있어요.

킵 손 교수가 자문을 맡은 영화 〈인터스텔라〉

한편 노벨 경제학상 수상자인 리처드 세일러 미국 시카고대 교수도 베스트셀러 《넛지》의 작가예요. '넛지'란 말은 원래 팔꿈치로 남의 옆구리를 쿡 찌른다는 의미예요. 리처드 세일러 교수의 책은 사람이 같은 실수를 반복하는 이유와 똑똑한 선택을 이끌어내는 방법인 '넛지'에 대해 설명해 큰 인기를 끌었지요.

이번 장에서는 과학 분야를 제외한 노벨 문학상, 평화상, 경제학상에 대해 좀 더 자세히 알아볼게요.

(노벨 과학상은 다음 장에서 살펴볼게요!)

Anne Ryan University of Chicago

리처드 세일러 교수

노벨상

노벨상은 1901년에 시작된 상으로 스웨덴의 화학자 알프레드 노벨의 유언에 따라 만들어졌어요. 해마다 물리학, 화학, 생리 의학, 경제학, 문학, 평화 총 6개 부문에서 인류의 복지에 도움 을 준 사람에게 수여된답니다.

위키미디어

노벨상 메달

노벨 문학상 – 역사소설부터 SF까지! 가즈오 이시구로 작가

노벨 문학상은 일본계 영국 작가인 가즈 오 이시구로가 수상했어요. 그는 역사소설에서 추리소설, SF까지 다양한 장르의 작품을 썼지요. 우리나라에서도 출판된 소설《남아 있는 나날》이 1989년 부커상을 받고 영화로도 만들어지면서 작가는 세계적인 명성을 얻었답니다. 그 밖에도《나를 보내지 마》,《우리가 고아였을 때》같은 대표 작들이 출간되었지요.

2005년 발표한《나를 보내지 마》는 복제인간을 소재로 한 SF예요. 인간에게 장기를 제공하기 위해 만들어진 복제인간의 사랑과 슬픈 운 명은 독자를 눈물짓게 만들었지요. 또한 인간의 존엄성과 생명의 가치 에 대해 생각할 거리를 던진답니다.

노벨위원회는 "이시구로는 위대한 감정의 힘을 지닌 소설들을 통해

가즈오 이시구로의 소설 《나를 보내지 마》와 영화 포스터

세계와 맞닿아 있다는 인간의 환상을 드러냈다"며, "일상에 대해 매우 섬세하고 때로는 정감 있게 다가가는 작가"라고 평가했답니다.

노벨 평화상 – 지구상에서 핵무기가 사라지는 것이 목표! ICAN

2017 노벨 평화상은 인류가 핵무기를 사용하면 어떤 재앙이 닥칠지 관심을 불러일으키고, 핵무기 금지의 기반이 되는 조약이 체결되도록 노력한 '핵무기폐기국제운동(ICAN)'이 받았어요.

ICAN은 핵무기가 지구상에서 사라지는 것을 목표로 하는 단체예요. 세계 100여 개국 468개 비정부기구가 함께하고 있지요. 이 단체는 핵무기가 인류를 위협한다고 보고, 핵무기를 금지하고 제거하기 위해 서로 도울 것을 약속하는 '인도주의 서약'을 108개국에서 받았어요.

노벨 평화상을 받은 ICAN 로고

ICAN의 노력 덕분에 2017년 7월 7일 유엔 총회에서 '핵무기금지조약'
이 채택되었지요.

노벨위원회는 "우리는 과거 어느 때보다 핵무기를 사용할 위험이 큰
세계에 살고 있다"며, "ICAN은 핵무기로 인해 벌어질 수 있는 비극적
인 상황에 대해 널리 알리고, 핵무기 폐기를 위해 노력했다"고 선정 이
유를 밝혔답니다.

노벨 경제학상 – 인간의 심리는 경제에 어떤 영향을 미칠까? 행동경제학

2017 노벨 경제학상 수상자로 선정된
리처드 세일러 미국 시카고대 교수는 행동경제학 분야의 세계적인 권위자
예요. 《넛지–똑똑한 선택을 이끄는 힘》을 쓴 베스트셀러 작가로도 잘 알
려져 있지요. '넛지'는 사람에게 강제적으로 지시를 내리기보다, 팔꿈치
로 슬쩍 찌르듯 부드럽게 유도하거나 이익을 제공하는 것이 기업과 개인
의 경제적 변화에 보다 효율적이라는 내용의 이론이에요. 그는 책에서
아이한테 햄버거 같은 인스턴트 음식을 먹지 말라고 강요하기보다 몸에
좋은 과일을 눈에 잘 띄는 식탁 위에 놓아두는 행동을 '넛지'의 예로 소

개했어요.

　노벨위원회는 "세일러 교수는 인간이 늘 합리적이지 않다는 한계를 인정하고, 어떻게 의사결정을 내리는지 분석해 행동경제학이란 학문을 체계화시켰다"고 선정 이유를 밝혔지요.

　기존의 경제학에서는 인간이 늘 이기적이고 합리적인 결정을 한다고 여기고 조직이나 사회에 미치는 영향을 연구했어요. 이와 달리 세일러 교수는 인간의 불합리한 감정이나 사회적 요소가 경제에 미치는 영향을 연구했지요. 이후 세일러 교수의 연구는 '행동경제학'으로 발전해 경제학에 많은 영향을 주었답니다.

노벨 경제학상을 수상한 리처드 세일러 교수와 그의 대표작 《넛지》

2017 노벨 과학상의 주인공은
모두 삼총사!

2017 노벨 과학상은 모두 각각 3명의 연구자가 공동 수상했어요. 과학 연구가 이제 더 이상 혼자 힘으로는 성과를 내기 어렵다는 말이지요. 실제로 국제 교류를 통해 여러 분야의 과학자들이 공동으로 연구해 성과를 내는 사례가 늘고 있답니다.

노벨 생리의학상 생체시계가 작동하는 원리를 밝히다

노벨 생리의학상은 '낮과 밤이 바뀜에 따라 몸이 하루 주기로 돌아가는 생체시계의 비밀'을 푼 제프리 홀 미국 메인대 교수, 마이클 로스배시 브랜다이스대 교수, 마이클 영 록펠러대 교수가 공동 수상했어요.

노벨위원회

2017 노벨 생리의학상 수상자들이 노벨위원회와 함께 찍은 사진

생체시계는 하루를 주기로 정해진 리듬에 따라 호르몬 분비량이나 체온 등이 변하는 우리 몸의 조절 기능이에요. 밤이 되면 졸리고, 해외 여행지에서 시차에 적응하느라 고생하는 것도 생체시계 때문이지요.

생체시계를 조절하는 유전자인 '피어리어드'는 1970년대 초파리에서 처음 발견됐어요. 하지만 과학자들은 이 유전자가 어떻게 작동하는지 알지 못했지요. 그런데 1984년 홀 교수와 로스배시 교수는 피어리어드 유전자가 만드는 'PER 단백질'을, 영 교수는 '타임리스 유전자'가 만드는 'TIM 단백질'을 발견하면서 생체시계가 어떻게 작동하는지 알게 됐답니다.

피어리어드 유전자는 밤에 PER 단백질을 만들어요. 이 단백질은 TIM 단백질과 결합해 다시 피어리어드 유전자의 활동을 막지요. 즉, 밤에는 PER 단백질의 양이 많아졌다가, 낮에는 PER 단백질이 다시 피어리어드 유전자의 활동을 막는 데 쓰이면서 양이 점점 줄어들어요. 몸속 세포는 이렇게 하루를 주기로 변하는 PER 단백질의 양으로 시간을 알아낸답니다.

노벨위원회는 "생체시계가 작동하는 메커니즘을 처음으로 규명하고, 초파리를 이용해 이를 조절하는 핵심 유전자를 발견한 공로를 인정했다"고 말했지요.

노벨 물리학상

약 100년 전 아인슈타인의 예측을 증명하다! – **중력파**

2017 노벨 물리학상은 모처럼 많은 사람들의 기대와 예상을 빗나가지 않았어요. 중력파의 비밀을 밝힌 라이고(LIGO, 레이저 간섭계 중력파 관측소)를 설계하고 건설하는 데 기여한 킵 손 미국 캘리포니아공대 명예교수, 그리고 같은 대학 배리 배리시 명예교수, 라이너 바이스 미국 매사추세츠공대(MIT) 명예교수가 수상의 영광을 누렸지요.

그런데 중력파란 무엇일까요? 우주는 시간과 공간의 그물로 이루어져 있어요. 질량을 지닌 물체는 시공간을 휘게 만들지요. 그런데 시공간 위에 있던 물체가 움직이면, 시공간이 일렁이며 진동이 주변으로 퍼져나가요. 즉, '시공간의 그물이 파도처럼 일렁이는 것'이 바로 중력파지요.

좀 더 쉬운 예를 들어 볼까요? 수평으로 펼쳐진 그물 위에 축구공을 던졌다고 상상해 보세요. 그럼 축구공 때문에 그물이 출렁일 거예요.

서터스톡

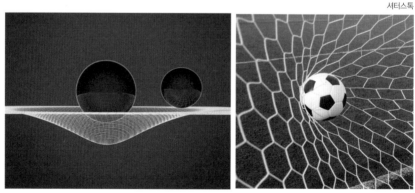

축구공 때문에 그물이 출렁이듯 질량이 있는 물체는 시공간을 일렁이게 한다. 시공간의 그물이 파도처럼 일렁이는 것을 중력파라 한다.

이 출렁거림이 그물을 통해 주위로 번져나가는 것이 바로 '중력파'인 셈이지요.

약 100년 전, 아인슈타인은 중력파가 있을 것이라고 이론적으로 예측했어요. 하지만 중력파로 인한 시공간의 변화가 너무 작기 때문에 인간의 기술로는 측정할 수 없다고 생각했지요.

그런데 2015년 라이고 연구팀이 놀라운 일을 해냈어요. 중력파 탐지 장치인 라이고의 미세한 길이 변화를 빛(레이저)을 이용해 측정하는 데 성공했어요. 다시 말해 중력파를 검출한 거지요. 중력파가 존재한다는 간접적인 증거가 발견된 적은 있었지만, 직접 검출한 건 라이고 연구팀이 처음이었어요.

노벨위원회는 "물리학상 수상자들은 40여 년간의 노력 끝에 마침내 중력파를 관측하는 데 성공했고, 천체물리학에서 혁명을 이뤘다"고 말했답니다.

노벨상의 상금은 얼마나 될까?

서터스톡

2017년 노벨상의 부문별 상금은 900만 크로나(약 12억 7000만 원)예요. 보통 공동 수상자들이 똑같이 나누지만 기여도에 따라 나누기도 해요. 2017 노벨 물리학상의 경우, 기여도에 따라 상금을 나누었어요. 중력파 직접 관측에 가장 큰 기여를 한 라이너 바이스 명예교수가 절반을 가져가고, 킵 손 명예교수와 배리 배리시 명예교수가 각각 4분의 1씩 받았답니다.

크로나

노벨 화학상
생체분자를 3차원 구조로 속속들이 파악하다! – 극저온전자현미경

2017 노벨 화학상은 자크 뒤보셰 스위스 로잔대 명예교수, 요아힘 프랑크 미국 컬럼비아대 교수, 리처드 헨더슨 영국 케임브리지대 교수에게 돌아갔어요. 이들은 생체분자를 3차원 고화질로 보여 주는 '극저온전자현미경'을 개발한 공로를 인정받았어요.

기존 전자식 현미경은 강한 전자선을 뿜어 생체분자를 살아 있는 상태로 정밀하게 관찰할 수 없었어요. 그런데 수상자들이 만든 현미경은 영하 200℃ 이하의 극저온 상태로 생체분자를 빠르게 얼린 뒤, 세포를 3차원 구조로 정밀하게 관찰할 수 있지요. 덕분에 생체분자의 모든 모습을 원자 수준에서 세밀하게 관찰할 수 있게 됐어요.

극저온전자현미경이 개발된 이후 과학자들은 기초화학뿐만 아니라 신약 개발에 필요한 강력한 도구를 얻게 됐어요. 생체분자의 구조를 자세히 파악하면 질병이 일어나는 원리를 파악하고 효과가 높은 약물을 개발하는 데 큰 도움이 되기 때문이지요.

노벨위원회는 "수상자들 덕분에 이제 생체분자의 3차원 구조를 일상적으로 얻을 수 있게 됐고, 머지않아 생명체의 장기나 세포 속에서 일어나는 복잡한 반응들을 원자 수준에서 관찰할 수 있게 될 것"이라며 "극저온전자현미경은 생화학의 새 시대를 열었다"고 말했답니다.

2017 노벨상 수상자

구분	수상자	수상 업적
평화상	핵무기 폐기 국제운동(ICAN)	핵무기 반대 운동 주도
문학상	가즈오 이시구로	감정의 힘을 지닌 소설을 통해 인간의 환상에 숨어 있는 심연을 드러냄
생리의학상	제프리 C. 홀 마이클 로스배시 마이클 W. 영	생체시계를 조절하는 분자 메커니즘 발견
물리학상	라이너 바이스 배리 배리시 킵 손	라이고(LIGO) 설계와 건설 및 중력파 관측에 기여
화학상	자크 뒤보셰 요아힘 프랑크 리처드 헨더슨	용액 내 생체분자를 고해상도로 관찰할 수 있는 극저온전자현미경 관찰법 개발
경제학상	리처드 세일러	개인의 의사결정에 대한 경제학적·심리학적 분석에 기여

2017 이그노벨상

2017년 9월 15일(한국 시간) 제27회 '이그노벨상(Ig nobel Prize)' 수상자가 발표됐어요. 이그노벨상은 미국 하버드대학교의 과학유머잡지인 《황당무계 연구 연보》에서 선정하는 괴짜상으로, '사람들을 웃게 하고 생각하게 만드는' 색다르고 기발한 업적에 수상하지요. 그렇다고 이 상이 황당하기만 한 상인 것은 아니에요. '처음엔 웃기지만 그

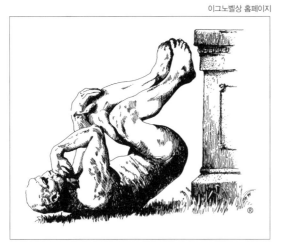
이그노벨상 홈페이지

이그노벨상 로고

다음엔 생각하게 만드는 연구를 기리는 상'이거든요. 평화, 사회학, 물리학, 문학 등 10개 분야로 시상하는데, 진짜 노벨상이 발표되기 보름 정도 전에 발표된답니다.

2017년에는 유체역학 부문에 한국인 수상자가 등장해 더욱 관심을 모았어요. 그럼 더욱 기발하고 재미있어진 이그노벨상 업적들을 살펴볼까요?

물리학상 : 고양이는 고체이면서 액체일까?

어떤 크기의 상자라도 귀신같이 몸을 욱여넣고, 아주 작은 틈새로도 지나가는 고양이를 보면 재미있으면서도 참 신기해요. 이런 모습을 보고 '고양이 액체설'이 돌 정도지요. 그런데 이를 진지하게 분석한 과학자가 있어요. 파르딘 마르크 안톤 프랑스 리옹대 물리학연구소 박사후연구원은 물

리학을 이용해 '고양이는 고체이면서 액체일까?'란 질문을 증명한 논문으로 2017 이그노벨상 물리학 부문 수상자로 선정됐어요. 그는 수학 공식을 이용해 어린 고양이가 늙은 고양이보다 몸으로 만든 모양을 오래 유지할 수 있다는 결론을 내렸지요.

생물학상 : 암컷과 수컷의 생식기가 뒤바뀐 다듬이벌레

요시자와 가즈노리 일본 홋카이도대 교수팀은 곤충의 생식기를 연구해 생물학상을 수상했어요. 브라질 동굴에서 다듬이벌레를 관찰했는데, 놀랍게도 암컷이 수컷의 생식기를, 수컷이 암컷의 생식기를 갖고 있었지요. 암수의 생식기가 반대로 확인된 세계 첫 사례랍니다.

이런 현상이 일어난 이유는 뭘까요? 연구팀은 외부의 빛이 들어오지 않고 먹이가 매우 적은 동굴이라는 환경에 주목했어요. 가혹한 환경에서 영양분을 얻기 위해 암컷이 적극적으로 행동하다 보니 생식기가 뒤바뀌게 된 것이 아닌가 추측했지요.

Current Biology

요시자와 교수는 시상식에서 "수컷의 생식기가 오직 수컷만의 것이라고 쓰여 있는 전 세계의 사전은 모두 시대에 뒤처지게 됐다"고 수상 소감을 밝혔답니다.

암수의 생식기가 뒤바뀐 다듬이벌레

유체역학상 : 어떻게 해야 커피를 덜 쏟을 수 있을까?

2017년 이그노벨상 유체역학 부문에 한국인 수상자가 선정됐어요. 주인공은 미국 버지니아대 물리학과에 재학 중인 한지원 씨예요. 그는 고등학생 때 '약한 충격이 있을 때 커피가 넘치는 현상 연구'란 제목의 15쪽짜리 논문을 썼어요. 커피가 담긴 컵을 들고 걸을 때 어떻게 해야 덜 넘치는지 궁금증을 품고 직접 실험을 통해 연구했지요.

실험 결과 원통형 머그잔에 담겨 있을 때 와인 잔에서보다 더 많이 넘치는 것을 알 수 있었어요. 또 손바닥을 펼쳐 컵의 윗부분을 잡으면 중간이나 아랫부분을 잡을 때보다 커피가 덜 넘친다는 사실도 발견했지요. 윗부분을 잡으면 진동이 줄어들기 때문이랍니다.

시상식에서 그는 "연구는 당신이 몇 살인지, 얼마나 똑똑한지가 중요한 게 아니라 얼마나 많은 커피를 마실 수 있는지의 문제"라며 이그노벨상 수상자다운 유쾌한 수상 소감을 말했어요.

유튜브 캡처

이그노벨상 유체역학 부문을 수상한 한지원 씨는 컵의 윗부분을 잡아야 커피가 덜 넘친다고 말했다.

Far Eastern Federal University

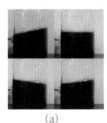 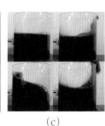 

(a)　　　　　(b)　　　　　(c)　　　　　(d)

다양한 진동에서 커피가 흔들리는 모습

평화상 : 코골이와 수면 무호흡증에 도움이 되는 연주를 찾았다!

곤히 잠든 밤, 누군가 심하게 코를 골아 잠이 깨면 무척 화가 날 거예요.
한편 옆에 잠든 가족이 갑자기 몇 초간 숨을 쉬지 않다가 컥컥대며 숨을
이어나가는 걸 보면 걱정스런 맘에 잠을 이루지 못하겠지요.

셔터스톡

　오토 브렌들리 스위스 취리히대병원 연구
팀은 호주 원주민의 전통 악기 '디저리두'가
코골이 치료에 도움이 된다는 사실을 밝혀 평
화상을 받았어요. 연구팀은 정기적으로 디저
리두를 연주하면 코골이와 수면 무호흡증 치
료에 효과적이라고 밝혔답니다.

호주 원주민이 디저리두를 연주하는 모습

경제학상 : 악어와 접촉하면 도박 욕구가 줄어들까?

매튜 로크로프 호주 CQ대 교수팀은 길이 1m가 넘는 살아 있는 악어와
접촉하면 도박 욕구가 줄어드는지 알아보기 위해 실험을
했어요. 이 연구로 2017 이그노벨상 경제학 부문
을 수상했지요.

셔터스톡

해부학상 : 왜 할아버지들은 귀가 클까?

할아버지들을 잘 살펴보면 귀가 크신 분들이 많아요. 영국의 물리학
자 제임스 히스코트 박사는 '왜 할아버지들은 귀가 클까?'라는 의학
논문으로 해부학상을 받았답니다.

셔터스톡

영양학상 : 흡혈박쥐가 인간의 피를 마시면 어떤 일이 벌어질까?

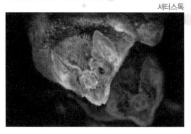
셔터스톡

엔리코 베르나르도 브라질 페르남부 쿠연방대 동물학과 교수팀은 인간의 피가 흡혈박쥐에 미치는 영향을 연구해 영양학상을 받았어요.

의학상 : 왜 어떤 사람들은 치즈를 싫어할까?

장-피에르 로와이에 프랑스 리옹신경과학연구센터 박사팀은 기능성자기

셔터스톡

공명영상(fMRI)으로 치즈를 싫어하는 사람의 뇌를 연구했어요. 사람들이 치즈를 싫어하는 정도를 측정해 뇌가 혐오감을 느끼는 과정을 연구한 업적으로 의학상을 받았지요.

인지상 : 쌍둥이는 자신의 얼굴을 구분할까?

마테오 마르티니 영국 이스트런던대 교수팀은 일란성 쌍둥이가 멀리서도 각자의 사진을 구분할 수 있다는 연구로 인지상을 받았어요.

셔터스톡

산과학상 : 태아에게 음악을 들려주는 가장 좋은 방법은?

산과학상은 태아에게 음악을 들려주기 위한 가장 좋은 방법을 연구한 스페인 연구팀에게 돌아갔어요. 연구팀은 엄마 뱃속에 있는 태아가 엄마의 배 위로 들리는 음악보다는 질을 통해 들어오는 음악에 더 강하게 반응한다는 것을 보여 줬지요.

셔터스톡

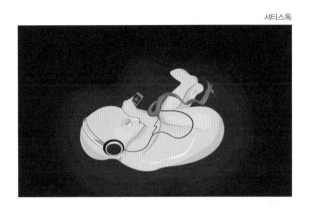

스마트기기로 QR코드를
찍으면 2017 이그노벨상
시상식을 볼 수 있어요.

확인하기

2017 노벨상 각 분야 수상자들에 대해 잘 알아봤나요? 과학을 좋아하는 청소년들이 과학 분야에 대해 깊이 있게 아는 것도 중요하지만, 경제, 문학, 평화 등 사회 여러 분야에 관심을 갖고 시야를 넓히는 것도 중요한 것 같아요. 매해 누가 어떤 업적으로 노벨상을 받는지 알면 그 시대에 주목받은 중요한 학문과 사회 흐름을 알 수 있지요.
그럼 2017 노벨상과 이그노벨상에 대해 제대로 읽었는지 한번 확인해 볼까요?

01 다음 중 노벨상과 관련된 설명 중 잘못된 것을 모두 고르시오.

① 노벨상은 해마다 10월경 물리학, 화학, 생리의학, 경제, 문학, 평화 총 6개 부문에 수여된다.

② 노벨상은 인류의 복지에 도움을 준 사람에게 수여된다.

③ 노벨상은 1901년 시작된 상으로 위대한 과학자 뉴턴의 유언에 따라 만들어졌다.

④ 노벨상의 부문별 상금은 약 900만 크로나로, 공동 수상자들은 무조건 똑같이 나눈다.

02 다음 중 2017 노벨상 수상자들과 가장 관련이 적은 영화는?

① 영화 〈남아 있는 나날〉

② 영화 〈인터스텔라〉

③ 영화 〈그래비티〉

④ 영화 〈네버 렛 미 고〉

03 다음 중 틀린 말을 하는 사람은 누구일까요?

① 다니엘 : 넛지는 원래 팔꿈치로 남의 옆구리를 쿡 찌른다는 의미래!

② 지훈 : 그러니까 넛지란 강제로 지시하기보다 팔꿈치로 쿡 찌르듯 슬쩍 유도하는 게 개인이나 기업을 변화시키는 데 더 효율적이라는 이론이지?

③ 세운 : 리처드 세일러 교수는 인간이 늘 합리적이라는 전제 아래 행동 경제학이라는 학문을 체계화시켰대!

④ 성우 : 응? 난 세일러 교수는 인간이 늘 불합리하다는 한계를 인정하고 학문을 발전시켰다고 들었는데……. 아닌가?

04 다음 중 맞는 설명을 모두 고르시오.

① 2017 노벨 평화상은 핵무기폐기국제운동(ICAN)이 받았다.

② ICAN은 북한이나 이란 등 세계를 위협하는 국가들이 갖고 있는 핵무기만 지구상에서 사라지는 것을 목표로 하는 단체다.

③ 2017 노벨 문학상을 수상한 작가 가즈오 이시구로의 대표작으로는 《나를 보내지 마》,《우리가 고아였을 때》 등이 있다.

④ 《우리가 고아였을 때》는 복제인간을 소재로 한 SF다.

05 다음 중 맞는 말을 하는 사람은 누구일까요?

① 하하 : 우리가 해외여행을 할 때 시차 때문에 고생하는 이유는 다 생체시계 때문이래!

② 광수 : 2017 노벨 생리의학상 수상자들이 생체시계를 조절하는 유전자를 무슨 곤충에서 발견했다고 했는데……. 그래, 잠자리! 잠자리를 이용해 생체시계를 조절하는 핵심 유전자를 발견했대!

③ 종국 : 1990년대 생체시계를 조절하는 유전자인 '피어리어드'가 처음 발견됐다던데……. 그런데 잠자리가 정말 맞아?

④ 재석 : 2017 노벨 과학상은 생체시계, 중력파, 초고온현미경 분야에 업적을 세운 과학자들이 받았다고 해.

06 2017 노벨 과학상에 대한 설명 중 틀린 것을 모두 고르세요.

① 2017 노벨 과학상은 총 9명의 연구자들이 공동 수상했다.

② 1984년 홀 교수와 로스배시 교수는 피어리어드 유전자가 만드는 'PER 단백질'을, 영 교수는 '타임리스 유전자'가 만드는 'TIM 단백질'을 발견 하면서 생체시계가 어떻게 작동하는지 알게 됐다.

③ 노벨 물리학상은 중력파의 비밀을 밝힌 라이고(LIGO, 레이저 간섭계 중력파 관측소)를 개발하는 데 기여한 킵 손 미국 캘리포니아공대 명예 교수와 같은 대학 배리 배리시 명예교수, 라이너 바이스 미국 매사추세 츠공대(MIT) 명예교수가 수상의 영광을 누렸다.

④ 노벨 화학상 수상자들은 생체분자를 2차원 고화질로 보여 주는 '초고온 전자현미경'을 개발한 공로를 인정받았다.

07 이그노벨상에 대한 설명 중 틀린 것을 고르시오.

① 이그노벨상은 미국 하버드대의 과학유머잡지인 ≪황당무계 연보 연구≫ 에서 선정한다.

② 2017년에는 생리의학상 부문에 한국인 수상자가 등장해 관심을 모았다.

③ 사람들을 웃게 하고 생각하게 만드는 색다르고 기발한 업적에 수상한다.

④ 진짜 노벨상이 발표되기 보름 정도 전에 발표된다.

08 다음 중 이그노벨상에 대해 잘못된 설명을 하는 사람은 누구일까요?

① 성주 : 프랑스의 한 연구자는 '고양이는 고체이면서 액체일까?'란 질문 을 증명한 논문으로 물리학상을 받았다던데요?

② 구라 : 한 일본 연구자는 암컷과 수컷의 생식기가 뒤바뀐 연구로 생물 학상을 받았대. 이거 거짓말 아냐?

③ 윤석 : 거짓말은 아닌 거 같아요. 가혹한 환경에서 영양분을 얻기 위해
　　암컷이 적극적으로 행동하다 보니 생식기가 뒤바뀐 거라고 하던데…….
　　정말 흥미로운 연구네요.

④ 봉선 : 브라질 동굴에서 사는 몽둥이벌레라고 하던데……. 맞죠?

09 다음 빈칸에 들어갈 단어를 채우시오.

아인슈타인에 따르면 우주는 (　①　)과 (　②　)의 그물로 이루어져 있
다. 질량을 지닌 물체는 (　③　)을 휘게 만든다. (　③　)의 그물이 파도
처럼 일렁이는 것을 '중력파'라고 한다.

10 다음 설명이 가리키는 것은 무엇일까요?

피어리어드 유전자는 밤에 OOO 단백질을 만든다. 이 단백질은 TIM
단백질과 결합해 다시 피어리어드 유전자의 활동을 막는다.

정답 : (　　　　　) 단백질

10. PER
9. ① 시간, ② 공간, ③ 시공간
8. ④
7. ②
6. ④
5. ①
4. ①, ③
3. ③
2. ③
1. ③, ④

정답

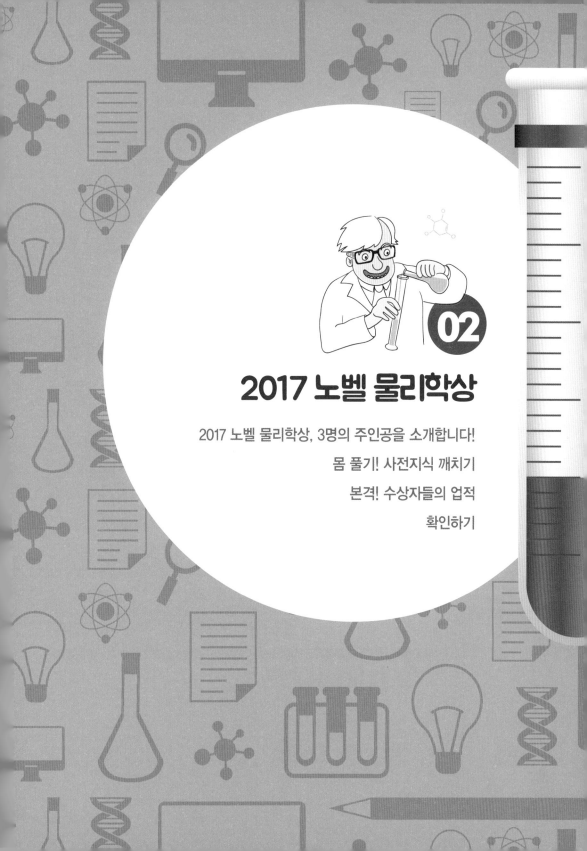

2017 노벨 물리학상

2017 노벨 물리학상, 3명의 주인공을 소개합니다!

몸 풀기! 사전지식 깨치기

본격! 수상자들의 업적

확인하기

02

2017 노벨 물리학상, 3명의 주인공을 소개합니다!
-배리 배리시, 라이너 바이스, 킵 손

2017년 10월 3일 오전 11시 45분(현지 시각), 노벨위원회는 킵 손 미국 캘리포니아공대 명예교수와 같은 대학 배리 배리시 명예교수, 라이너 바이스 미국 매사추세츠공대(MIT) 명예교수를 2017 노벨 물리학상 수상자로 선정했다고 밝혔어요. 노벨위원회는 "세 사람은 레이저간섭계중력파관측소(LIGO·라이고)를 만들어 중력파를 발견하는 데 기여했다"고 수상자들의 업적을 밝혔지요.

수상자들은 약 100년 전 아인슈타인이 이론으로 예측했던 중력파를 실험으로 검증해, 2016년 발표했어요. 중력파 검출 발표 이후 이들은 '노벨상 1순위'로 주목받아 왔답니다.

세 명의 수상자 중 라이너 바이스 교수는 절반의 기여(1/2)를 인정받

앉고, 배리 배리시 교수와 킵 손 교수는 각각 그 나머지 절반의 기여 (1/4)를 인정받았어요. 노벨상 상금인 12억 7000만 원은 기여도에 따라 나눠 가졌답니다.

2017 노벨 물리학상 한 줄 평

"'시공간의 잔물결' 중력파, 드디어 노벨상을 받다!"

노벨위원회

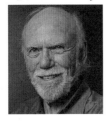

배리 배리시 미국 캘리포니아공대 명예교수

· 1936년 미국 네브래스카 주 오마하에서 출생
· 1962년 미국 버클리 캘리포니아대(UC버클리)에서 박사 학위를 받음
· 현재 미국 캘리포니아공대(칼텍) 물리학과 석좌교수

노벨위원회

라이너 바이스 미국 매사추세츠공대(MIT) 명예교수

· 1932년 독일 베를린에서 출생
· 1962년 미국 매사추세츠공대(MIT)에서 박사 학위를 받음
· 현재 미국 MIT 물리학과 교수

노벨위원회

킵 손 미국 캘리포니아공대 명예교수

· 1940년 미국 유타 주 로건에서 출생
· 1965년 미국 프리스턴대에서 박사 학위를 받음
· 현재 미국 캘리포니아공대 이론물리학 명예교수

몸 풀기! 사전지식 깨치기

뉴턴, 중력 법칙을 만들다

1666년 어느 날, 정원에 앉아 있던 위대한 과학자 뉴턴의 머리 위로 사과 한 개가 툭 떨어졌어요. 순간 그는 왜 사과는 항상 옆이나 위가 아니라 아래로 떨어지는지 궁금증이 들었지요. 그리고 그 이유는 '어떤 힘'이 사과를 끌어당겼기 때문이라는 생각을 하게 됐어요. 바로 '중력'의 존재를 깨닫게 된 거예요.

위키미디어

뉴턴이 중력의 법칙을 떠올린 것으로 알려진 사과나무. 영국 케임브리지대에 위치하고 있다.

뉴턴의 사과 이야기는 누구나 한 번쯤 들어 본 적 있는 매우 유명한 이야기예요. 사실 이 사건이 실제 있었는지에 대해서는 논란이 많아요. 어쨌든 뉴턴이 중력을 발견한 건 틀림없는 사실이지요.

뉴턴이 중력의 존재를 처음으로 눈치 챈 사람은 아니에요. 누구나 모든 물체가 땅으로 떨어진다는 사실을 알고 있었으니까요. 하지만 뉴턴은 끈질긴 탐구 끝에 중력 법칙을 알아냈어요.

뉴턴의 생각은 단순히 사과에 머물지 않았어요. 사과를 보고 당시 갖고 있던 또 다른 궁금증과 연결시켰지요. 뉴턴은 당시 밤하늘에서 밝게 빛나는 달을

아이작 뉴턴(1642~1727)

위키미디어

영국의 물리학자이자 수학자, 천문학자로 자연 현상을 지배하는 기본적인 물리 법칙을 발견했어요. 또한 절대 공간과 절대 시간이라는 개념을 바탕으로 하는 운동의 법칙을 발견했을 뿐만 아니라 '중력 법칙'도 발견했지요. 중력 법칙은 모든 물체 사이에 질량의 곱에 비례하고 거리의 제곱에 반비례하는 중력이 작용하고 있다는 법칙이에요.

보며 다음과 같은 궁금증을 갖고 있었어요.

'지구 주위를 도는 달은 왜 우주 공간으로 도망가지 않는 걸까? 뭔가 달이 지구로부터 도망가지 않도록 꽉 붙잡고 있는 걸까?'

그리고 마침내 '사과를 떨어지게 하는 힘'과 '달이 도망가지 않도록 꽉 붙잡고 있는 힘'이 서로 관련이 있다는 사실을 깨달았어요. '중력'이 사과뿐만 아니라 우주 공간에 있는 달까지 지구로 끌어당기고 있을지도 모른다는 깨달음이었지요.

깨달음을 얻은 뉴턴은 바로 '사과를 떨어지게 하는 힘'과 '달이 도망가지 않도록 꽉 붙잡고 있는 힘'이 같은 힘인지 알아보기로 했어요. 두 힘을 직접 계산해 본 결과, 두 힘의 크기는 거의

셔터스톡

NASA

비슷하게 나왔지요.

이를 통해 뉴턴은 중력이 지구를 넘어 우주 공간에 있는 달에도 영향을 미친다는 사실을 발견했어요. 즉, 달도 사과처럼 중력에 의해 지구 중심을 향해 끌어당겨지고 있다는 사실이었지요.

뉴턴의 중력 법칙은 처음에는 '만유인력의 법칙'이라고 불렸어요. 만유인력이란 '질량을 가지고 있는 모든 물체 사이에 보편적으로 작용하는 힘'이라는 뜻이에요. '질량을 가지고 있는 물체는 모두 서로 끌어당기는 힘'을 받는다는 말이지요.

참고로 이제 '만유인력의 법칙'이라는 말은 물리 교과서에서 사라졌답니다. 중력 외에 다른 힘이 있는 줄 몰랐던 시대에는 '만유인력의 법칙'이란 말이 어울렸어요. 하지만 과학자들은 중력 외에도 전자기력, 강한 핵력, 약한 핵력이 있다는 것을 알게 됐어요. 이후 중력에만 특별히 보편적인 힘이라는 칭호를 붙여 줄 필요가 없게 되면서 '만유인력의 법칙'이란 용어를 사용하지 않게 됐지요.

뉴턴은 지구가 사과를 끌어당기는 것뿐만 아니라, 사과 역시 지구를 끌어당기고 있다고 말했어요. 그리고 '끌어당기는 힘'은 '물체의 질량'과 '물체 사이의 거리'에 따라 달라진다고도 말했지요. 뉴턴은 자신의 발견을 수학적인 법칙으로 정리해 자신의 저서 《프린키피아》(1687)에 실었답니다.

중력 법칙에 따르면 중력은

위키미디어

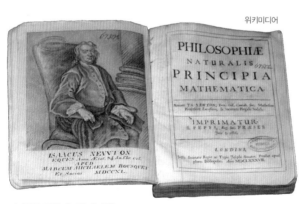

뉴턴의 저서 《프린키피아》

서로 끌어당기는 힘이에요. 질량이 클수록 다른 물체를 끌어당기는 힘은 더 세지지요. 반대로 두 물체 사이의 거리가 멀수록 끌어당기는 힘은 약해져요.

이때 끌어당기는 힘은 거리의 제곱에 반비례해요. 즉, 거리가 2배 멀면 끌어당기는 힘은 4분의 1로 줄어들고, 거리가 4배 멀면 끌어당기는 힘은 16분의 1로 줄어드는 거지요.

중력 법칙을 알아낸 것은 굉장한 발견이었어요. 뉴턴의 시대 사람들은 대부분 지구에 적용되는 법칙과 우주의 법칙이 따로 있다고 믿었거든요. 하지만 뉴턴은 사과나 달이나 모두 똑같은 힘의 영향을 받는다는 사실을 알아냈어요. 즉, 지구에서 발견한 법칙으로 우주에서 일어나는 일을 설명할 수 있음을 보여 준 굉장한 발견이었답니다.

중력 법칙

질량이 있는 두 물체 사이의 중력은 각 물체의 질량의 곱에 비례하고, 두 물체가 서로 떨어진 거리의 제곱에 반비례한다는 법칙이에요.

$$F = G\frac{Mn}{r^2}$$

F : 중력,　M, m : 각 물체의 질량,　r : 두 물체 사이의 거리,　G : 중력상수

중력 법칙, 풀리지 않는 의문

뉴턴이 발견한 중력 법칙은 200년 이상 아무런 의심 없이 받아들여졌어요. 하지만 중력 법칙에는 풀리지 않는 문제가 있었어요. 물체가 있으면 중력이 생긴다는 사실은 알게 됐지만, 중력이 왜 생기는지, 어떻게 작용하는지에 대해서는 알 수가 없었지요.

중력의 특징은 '두 물체가 멀리 떨어져 있어도 끌어당기는 힘이 작용한다'는 거예요. 즉, 두 물체 사이에 힘을 전해 주는 어떤 물질이 없는

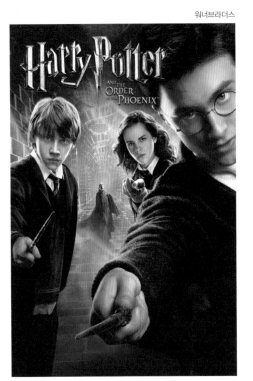
워너브라더스

데도, 한 물체가 멀리 떨어져 있는 다른 물체에 마치 마법처럼 즉각 힘을 전해 주는 거예요.

뉴턴조차 중력이 마치 리모컨처럼 원격으로 작용하는 건 말이 안 된다고 생각했어요. 하지만 뉴턴은 자신의 의문에 답을 찾지 못했지요.

뉴턴은 친구인 리처드 벤틀리 목사에게 보낸 편지에서 "중력의 성질은 이해할 수 없는 것"이라고 밝히며 "난 중력의 개념을 밝힌 사람으로 남고 싶지 않다"고 말했답니다. 이어 "중력의 이런 터무니없는 성질에 대해 어떤 추측이나 짐작을 하지 않겠다"고 밝히며 후대에 숙제를 남겼답니다.

마치 마법처럼 서로 떨어져 있어도 작용하는 중력은 뉴턴의 시대에 풀리지 않는 의문으로 남았다.
영화 〈해리포터와 불사조 기사단〉의 포스터.

뉴턴, "시간과 공간은 절대적이다"

똑같은 45분인데도 싫어하는 과목의 수업시간은 한없이 길게 느껴지고, 친구들과 놀이터에서 노는 시간은 순식간에 지나간 것처럼 느껴진 적이 있지 않나요? 이처럼 시간은 사람이 느끼기에 따라 길게 느껴지기도 하고 짧게 느껴지기도 해요.

하지만 뉴턴은 시간이 우주의 어떤 장소에서나 항상 일정한 속도로 흐른다고 말했어요. 그는 "시간은 절대적이고 정직하고 수학적이다. 외부의 어떤 영향도 받지 않고, 고유한 성질에 따라 똑같이 흐른다"고 했지요. 이를 '절대 시간'이라고 해요.

또한 뉴턴은 우주에 다른 물체와 상관없이 절대 움직이지 않는 좌표가 있으며, 물체의 운동은 모두 정해진 장소 안에서 일어난다고 생각했어요. 이를 '절대 공간'이라고 하지요. 뉴턴은 "절대 공간은 어떤 영향도 받지 않고 항상 같은 상태로 머문다"고 말했어요.

이렇듯 뉴턴은 시간과 공간이 절대적이라고 생각했어요. 하지만 뉴턴의 생각은 20세기 들어 아인슈타인에 의해 바뀌게 됩니다.

해결사의 등장, 아인슈타인

뉴턴이 틀렸다!

뉴턴이 남긴 문제를 해결한 건 아인슈타인이에요. 아인슈타인은 1916년 일반상대성이론을 발표하며 뉴턴과 전혀 다른 방법으로 중력을 설명했어요. 그는 '중력은 시공간이 휘어지기 때문에 생기는 힘'이라고 설명했어요.

먼저, 아인슈타인은 시간과 공간에 대한 생각이 뉴턴과 전혀 달랐어요. 뉴턴은 어떤 상황에서도 시간과 공간이 절대 변하지 않는다고 생각했어요. 예를 들어, 45분은 45분이고 1m는 1m지요. 당연한 말 같죠? 이처럼 뉴턴이 주장한 절대 시간은 우리 일상 속에서는 잘 적용되는 것

아인슈타인은 뉴턴과는 완전히 다른 새로운 중력의 개념을 설명했다.

처럼 보여요.

하지만 우주와 같은 곳에서는 맞지 않을 수 있어요. 아인슈타인은 빛의 속도가 항상 일정하다는 사실을 바탕으로 생각했어요. 그러자 시간과 공간 사이에 깊은 관계가 있다는 사실을 알 수 있었어요. 움직이는 물체는 시간이 느려지고 길이가 짧아졌어요. 속도에 따라 45분이 60분으로 길어질 수도 있고, 1m가 60cm로 짧아질 수도 있지요.

그리고 이처럼 시간이 느려지는 것과 길이가 짧아지는 것은 따로따로 일어나는 변화가 아니었어요. 서로 연동이 됐지요. 즉, 시간과 공간을 하나로 볼 수 있는 거예요.

아인슈타인은 시간과 공간을 하나로 보고 '시공간'이라고 불렀어요. 그리고 질량이 있는 물체로 인해 시공간은 얼마든지 변할 수 있다고 주장했지요.

아인슈타인의 주장처럼 일상생활에서 시간과 공간의 변화를 느끼기란 사실 불가능해요. 우리는 0.1초, 0.01초, 0.001초 혹은 이보다 더 짧은 시간도 감지할 수 있다고 알려졌지만 0.00000000000001초처럼 아주 짧은 시간은 감지할 수 없어요. 일상생활에서도 시공간의 변화는 일어나고 있지만, 우리는 이토록 작은 변화를 느낄 수 없지요. 하지만 지구를 넘어 태양계, 그리고 태양계를 넘어 우주는 무척 넓어요. 그 끝을 알 수 없을 정도지요. 우주처럼 큰 규모로 생각하면 시간과 공간의 변화는 분명하게 나타납니다.

시간의 상대성을 증명하는 GPS

드물게도 일상생활에서 시간이 상대적으로 다르게 흐른다는 사실을 경험할 수 있는 예가 있어요. 바로 자동차의 내비게이션이나 스마트폰에 들어 있는 GPS예요.

GPS는 지구 궤도에 떠 있는 위성으로부터 신호를 받아서 현재 자신이 있는 장소를 계산해내는 편리한 장치예요. GPS 위성은 고도 약 2만km 상공을 빠른 속도로 날고 있어요. GPS 위성처럼 매우 높은 곳에 있는 물체는 지상에 비해 중력의 영향이 적기 때문에 시간이 빨리 흘러가요. 한편, GPS 위성처럼 매우 빠른 속도로 움직이는 물체는 시간이 천천히 흘러가지요.

즉, GPS 위성은 '시간이 빨리 흘러가는 영향(중력이 작아서)'과 '시간이 천천히 흘러가는 영향(빠른 속도로 움직여서)'을 동시에 받고 있어요. 시간이 빠르게 흘러가는 것과 천천히 흘러가는 것을 더하고 빼면, GPS 위성의 시간은 지상보다 아주 조금 빠릅니다.

그 결과 GPS 위성의 시간은 지상과 다르지요. 위성과 지상 사이에 벌어진 시간을 맞추기 위해 GPS 위성의 시계는 100억 분의 4.45초만큼 느리게 흘러가도록 설계된답니다.

위키미디어(US Government)

GPS 위성

중력은 시공간의 휘어짐 때문에 생긴다!

아인슈타인은 우주가 시공간으로 이루어진 그물이라고 생각했어요. 이 그물 위로 질량이 있는 물체가 올라가면 어떻게 될까요?

예를 들어 볼게요. 수평으로 쳐진 그물 위에 축구공이 올라가면 축구공의 무게 때문에 그물이 아래로 축 처질 거예요. 이번엔 이 그물 위로 테니스공을 한 개 더 올려볼게요. 그럼 테니스공이 축구공 때문에 축 처진 그물을 따라 미끄러져 들어갈 거예요.

시공간도 마찬가지예요. 시공간에 무거운 물체가 있으면 그 주변의 시공간이 휘어지면서 주변의 물체가 그 속으로 미끄러져 끌려 들어가요. 시공간이 휘어짐에 따라 물체를 끌어당기는 힘이 발생한 거지요. 즉, 중력은 시공간의 휘어짐이 만들어내는 현상이에요. 아인슈타인이 '중력은 어떻게 작용하는가'에 대한 뉴턴의 숙제를 푼 거지요.

위키미디어

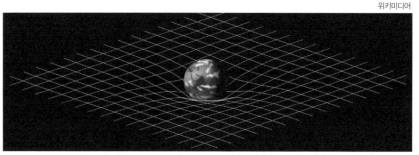

시공간으로 이루어진 그물 위에 지구가 올라가면 그물이 축 처지며 시공간이 휘어진다.
시공간이 휘어지면서 주변의 물체가 그 속으로 끌려들어가는 현상이 바로 '중력'이다.

중력은 왜 존재할까?

아인슈타인은 중력에 대한 또 다른 의문도 풀었어요. 바로 '중력이 왜 존재하는지'에 대한 답이에요. 중력의 존재는 가속도와 관계가 있어요.

높은 곳에서 물체를 떨어뜨리면 떨어지는 거리가 길수록 떨어지는 속도가 점점 빨라져요. 예를 들어 100m 높이에서 공을 떨어뜨릴 경우, 10m 높이를 지날 때 속도보다 20m를 지날 때 속도가 더 빠르고, 20m를 지날 때 속도보다 40m를 지날 때 때 속도가 더 빠른 거지요. 즉, 물체의 떨어지는 속도가 점점 빨라지는 가속도 운동이 일어나는 거예요. 이런 운동을 '자유 낙하 운동'이라고 해요.

물체가 자유 낙하 운동을 일으키는 이유는 지구의 중력 때문이에요. 중력이 물체를 지구 중심으로 끌어당기고 있기 때문에 가속도 운동이 일어나는 거지요. 이런 사실을 바탕으로 아인슈타인은 '물체의 가속도와 중력 사이에 깊은 관계가 있음'을 깨달았어요. 그리고 '가속도와 중력은 같은 효과를 가진다'는 생각을 하게 돼요.

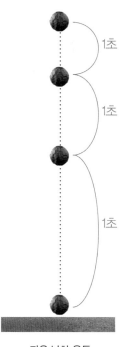

자유 낙하 운동

이런 원리는 일상생활 속에서도 체험할 수 있어요. 예를 들어 엘리베이터를 생각해 볼까요? 엘리베이터를 타고 올라가기 시작하면 어쩐지 우리 몸이 살짝 눌리는 듯한 느낌이 들며 무거워지는 것 같아요. 그러다가 엘리베이터가 멈추는 순간 몸이 살짝 가벼워지는 느낌이 들지요. 이는 엘리베이터의 움직임에 따라 관성력이 작용하기 때문이에요.

관성은 물체가 처음의 운동 상태를 계속 유지하려는 성질이에요. 정지해 있는 물체는 계속 정지해 있으려고 하고, 움직이던 물체는 계속 움직이려고 하는 거지요. 엘리베이터가 위로 올라가는 순간, 우리 몸은 계속 정지해 있으려고 해요. 그 결과 아래쪽으로 관성력이 작용해 우리 몸이 눌리는 듯하며 무겁게 느껴지는 거지요.

엘리베이터가 올라가기 시작하면 몸이 살짝 눌리는 듯한 느낌을 받고, 멈추는 순간 몸이 살짝 가벼워지는 듯한 느낌이 드는 이유는 관성력 때문이다.

아인슈타인은 엘리베이터의 가속 때문에 생긴 관성력이 우리 몸을 무겁게 느껴지도록 하는지, 혹은 중력이 갑자기 세져서(지구의 질량이 갑자기 무거워져서) 우리 몸을 무겁게 느껴지도록 하는지 구분할 수 없다고 주장했어요. 즉, 가속도와 중력이 같은 효과를 지닌다는 말이지요. 이를 '등가 원리'라고 해요. 아인슈타인은 '중력의 존재가 가속도와 관계있다'며, 중력이 왜 존재하는지에 대한 답을 찾았답니다.

아인슈타인을 증명하라!

아인슈타인이 정말 맞을까?

아인슈타인은 물체가 있으면 주위의 시공간이 휘어져 중력이 발생한다고 했어요. 시공간이 휘어진다는 말은 시간과 공간이 모두 휘어진다는 말이에요. 여기서 '시간이 휘어진다'는 것은 '시간이 느려진다'는 뜻이에요.

물체의 질량이 크면 클수록 시공간은 더욱 크게 휘어요. 그럼 시간은 더욱 느려지지요. 즉, 중력이 약한 곳에서 중력이 강한 곳을 보면 시간이 느리게 흘러가는 것처럼 보인답니다.

그런데 아인슈타인이 밝혀낸 시공간의 구조와 중력에 대한 이론(상대

20세기의 위대한 물리학자, 아인슈타인

아인슈타인은 관찰자에 따라 시간과 공간이 상
대적일 수 있다는 '특수상대성이론'(1905)과 특
수상대성이론을 확장하며 중력에 대해 다룬 '일
반상대성이론'(1916)을 발표했어요. 이 두 가지
이론을 통해 다음과 같은 사실을 밝혀냈지요.

위키미디어

1. 움직이는 것의 시간은 느리게 간다.
2. 움직이는 것의 길이는 줄어든다.
3. 움직이는 것의 질량은 늘어난다.
4. 중력이 강한 곳에서는 시공간이 휘어진다.
5. 중력이 강한 곳에서는 시간이 느리게 간다.

아인슈타인

하지만 위 말이 사실일까요? 생각해 보면 이상해요. 우리가 아무리 빨리 달려도 결코 몸무게
가 가벼워지거나 무거워지진 않아요. 최소한 우리가 몸무게의 변화를 느낄 순 없지요.
아인슈타인이 말하는 현상은 물체의 빠르기가 빛의 속도에 가까워져야 뚜렷하게 나타나요.
하지만 우리가 빛의 속도로 뛸 수는 없어요. 또 빛의 속도를 경험할 수도 없지요. 따라서 아인
슈타인이 말한 변화는 매우 작게 나타나요. 우리는 이런 변화를 결코 알아차릴 수 없지요.
하지만 아인슈타인의 말이 옳다는 사실은 증명이 됐어요. 여러 실험과 관측을 통해 시간이
느려지거나 시공간이 일그러짐을 확인할 수 있었지요. 상대성이론 덕분에 인류는 우주의 구
조와 변화를 과학적으로 생각할 수 있게 됐어요. 또 상상에 불과하던 시간여행도 가능성을
갖게 됐지요.

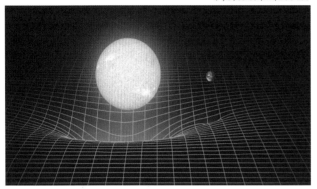

태양과 지구가 시공간의 그물을 휘어지게 만드는 모습

성이론)은 정말 맞는 걸까요? 이를 증명하기란 쉽지 않았어요. 아인슈타인은 물체 때문에 시공간이 휘어진다면, 그 옆을 지나가는 빛 역시 휘어진 공간을 따라 나아갈 것이라고 생각했어요. 빛은 직진하는 성질을 갖고 있어요. 하지만 빛이 휘어진 공간을 따라 나아간다면, 휘어지는 것처럼 보일 거예요.

이런 아이디어를 바탕으로 영국의 천문학자 아서 스텐리 에딩턴은 빛의 휘어짐을 관측해 시공간이 정말 휘어져 있는지 확인하는 데 도전했어요. 이를 위해 1919년 개기일식 관측에 나섰지요. 그 결과는 어떻게 됐을까요?

개기일식 관측으로 일반상대성이론을 증명하다

개기일식은 달 그림자가 태양을 완전히 가리는 천문현상이에요. 개기일식 때는 한낮에도 하늘이 컴컴해지며 평소 태양빛에 가려 보이지 않던 별을 볼 수 있지요.

태양은 매우 큰 질량을 가진 별이에요. 만약 아인슈타인이 옳다면 태양은 큰 질량으로 인해 주변의 시공간을 많이 휘어지게 할 거예요. 그럼 태양 뒤쪽에 있는 별들로부터 오던 빛들은 태양 근처를 지나다가 휘어진 시공간을 따라 이동하게 되지요. 결국 빛이 휘어져 별은 원래 보여야 할 장소가 아니라 조금 벗어난 위치에서 관측될 거예요.

영국의 천문학자인 아서 스텐리 에딩턴은 아인슈타인의 주장을 확인하기 위해 1919년 아프리카 기니에서 일어난 개기일식 관측에 나섰어요. 당시 개기일식은 20세기 들어 가장 긴 일식 중 하나였어요. 약 7분간 달이 태양을 가리자 평소 태양 때문에 보이지 않던 별들이 모습을 드러냈지요.

에딩턴은 태양과 아주 가까이에 있는 별들의 사진을 찍었어요. 그리고 별빛이 태양 곁을 지나지 않는 밤에 다시 같은 별들의 사진을 찍었어요. 이렇게 개기일식 당시 낮에 찍은 별의 위치와 밤에 찍은 별의 위치를 비교했지요. 그 결과 개기일식 때 측정된 별의 위치와 밤에 본 별의 위치에 차이가 있음을 발견했어요.

아서 스텐리 에딩턴

즉, 빛이 휘어진 시공간을 따라 휘어졌다는 사실을 밝힌 거예요. 이로써 아인슈타인이 말한 시공간의 구조와 중력에 대한 이론(일반상대성이론)이 옳았음이 증명됐답니다.

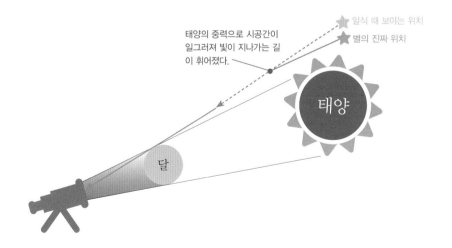

태양의 중력으로 시공간이 일그러져 빛이 지나가는 길이 휘어졌다.

일식 때 보이는 위치
별의 진짜 위치

태양

달

중력파는 '시공간의 그물이 파도처럼 일렁이는 것'

아인슈타인은 인류가 새로운 관점으로 우주를 바라볼 수 있도록 만들었어요. 우주를 편평한 공간으로 생각하지 않고, 물체들에 의해 휘어진 시공간의 그물로 생각했지요.

이를 바탕으로 아인슈타인은 '중력파'의 존재도 떠올렸어요. 중력은 물체가 시공간을 일그러뜨리면서 생기는 현상이에요. 물체가 움직이면 주위의 시공간도 함께 변해요. 이런 시공간의 변화는 그물과 같은 시공간을 따라 주변으로 퍼져나가는데, 이게 바로 '중력파'라는 거예요.

중력파는 다시 시공간에 영향을 미쳐요. 중력파가 지나가면 주변의 시공간을 변화시키지요. 중력파가 지나가면 공간은 늘었다 줄었다 하고, 시간은 느려졌다 빨라지는 현상이 반복된답니다. 이처럼 순간적으로 시공간의 변화를 일으키는 것은 오직 중력파밖에 없지요.

이론적으로는 일상생활에서도 중력파가 생겨요. 사람이나 자동차가

셔터스톡

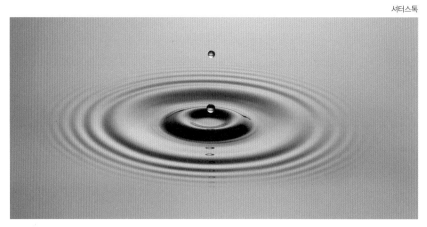

수면에 물방울이 떨어지면 그 파동이 주변으로 퍼져나가듯, 중력파 역시 시공간을 따라 주변으로 퍼져나간다.

속도를 점점 높이는 가속 운동을 하거나 뱅글뱅글 도는 회전운동을 하면 중력파가 생기지요. 하지만 이런 중력파로 인해 실제로 시공간이 변하는 것을 알아챌 수는 없어요. 이는 중력이 아주 약한 힘이기 때문이에요.

중력파는 물체의 질량이 무거울수록, 속도가 빠를수록 더 강해요. 하지만 태양보다 훨씬 무거운 물체가 빛의 속도만큼 빠르게 움직여도 아주 정밀한 측정 장비가 있어야만 시공간의 변화를 측정할 수 있답니다. 이 때문에 아인슈타인조차 중력파는 그저 이론적인 개념이며, 중력파를 검출하는 건 불가능하다고 생각했지요. 실제로 아인슈타인이 중력파의 존재를 예측한 뒤로 100년 동안 아무도 중력파를 발견하지 못했답니다. 그러다 2015년 놀라운 사건이 벌어지지요.

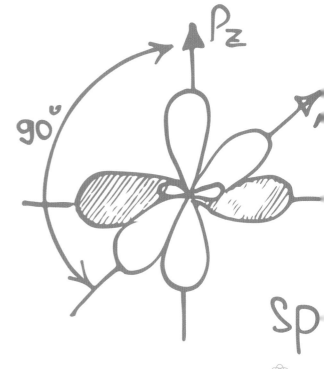

본격! 수상자들의 업적 : 중력파의 증거를 찾아라!

환호성이 울려 퍼지다!

"신사 숙녀 여러분, 우리가 중력파를 검출했습니다. 우리가 해냈습니다!(We did it!)"

2016년 2월 11일 오전 10시 30분(현지시각), 미국 워싱턴DC 국립프레스클럽에서 열린 기자회견에서 '라이고(LIGO) 프로젝트'의 책임자 데이비드 레이츠가 이렇게 선언했어요. 1915년 아인슈타인이 일반상대성이론을 발표하며 중력파가 존재한다고 예측한 지 101년 만에 이를 실제로 검출한 거지요. 이 선언은 전 세계로 생중계됐어요. 이후 세계는 '중력파 발견'의 흥분에 휩싸였지요.

그렇다면 대체 중력파는 어떻게 검출했을까요? 중력파는 '시공간을 흔드는 잔잔한 물결'이라고도 불려요. 그만큼 중력파로 인한 시공간의 변화가 무척 작다는 말이지요.

라이고 연구팀이 처음 중력파 검출에 도전한다고 나섰을 때, 많은 과학자들은 중력파의 크기가 무척 작기 때문에 검출이 불가능할 것이라 여겼어요. 하지만 라이고 연구팀은 결국 성공했지요.

중력파는 매우 약한 힘인 중력으로부터 나와요. 그런데 중력은 질량이 클수록 커지지요. 따라서 과학자들은 중력파를 검출하기 위해 우주로 눈을 돌렸어요. 우주에는 지구에서는 찾을 수 없는 엄청난 질량을 지닌 천체들이 잔뜩 있거든요.

2015년 라이고 연구팀이 처음 검출한 중력파는 두 개의 블랙홀이 충돌하며 하나로 합쳐지는 과정에서 나왔어요. 두 블랙홀은 각각 태양보다 36배, 29배나 무거운 천체들이었어요. 두 블랙홀은 약 13억 년 전 충돌했어요. 이때 중력파가 발생해 시공간을 따라 우주로 전파됐지요. 중력파는 다른 물질에

The SXS(Simulating eXtreme Spacetimes)

두 블랙홀이 합쳐지는 모습

의해 성질이 변하거나 전파 속도가 느려지는 일이 거의 없어요. 그래서 소행성 같은 물질이 있어도 거의 영향을 받지 않고 빛의 속도로 뚫고 지나가지요.

중력파가 지나가면 시공간이 출렁거리며 변화가 생겨요. 지난 2015년 9월, 라이고 연구팀은 13억 년 전에 출발한 중력파가 지구의 시공간을 출렁거리게 하자 이를 감지했어요. 최초로 실제 중력파를 검출하는데 성공한 거지요.

라이고 연구에 참여한 알베르트아인슈타인연구소의 브루스 앨런 소장은 "아인슈타인은 중력파가 검출하기에 너무 약하다고 생각했고 블랙홀의 존재는 믿지도 않았다"며 "그렇지만 자신이 틀렸다고 유감스러워할 것 같지는 않다"는 농담을 던졌답니다.

LIGO/T.pyle

두 블랙홀이 나선을 그리며 다가가다 합쳐지면서 중력파가 발생해 번져나가는 모습

〈자세히 알아보기〉 블랙홀+블랙홀 → 큰 블랙홀+중력파

블랙홀은 질량이 큰 별이 생애를 마치며 남기는, 밀도가 매우 높은 천체예요. 중력이 엄청나게 강하지요. 그래서 블랙홀 근처에서는 강한 중력 때문에 빛조차도 빠져나가지 못하고 잡히고 말아요. 에스컬레이터가 움직이는 방향과 반대 방향으로 걷는 것을 상상하면 돼요. 에스컬레이터가 움직이는 방향과 반대 방향으로 걸으면 아무리 걸어도 앞으로 나가지 못하고 제자리에서 걷게 되잖아요.

블랙홀에 잡힌 빛 역시 마찬가지예요. 빛은 틀림없이 앞으로 나가고 있지만, 강한 중력에 잡혀 좀처럼 앞으로 나아가지 못하지요. 그 결과 블랙홀에서 시간은 아주 느리게 흐른답니다.

LIGO

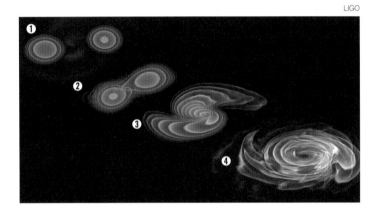

〈두 개의 블랙홀이 하나로 합쳐지는 과정〉

① 태양 질량의 36배, 29배인 블랙홀 두 개가 서로의 주변을 돌며 점점 빠른 속도로 회전한다.

② 회전 속도가 점점 빨라지며 블랙홀의 거리가 점차 가까워진다.

③ 결국 두 개의 블랙홀이 충돌하며 중력파가 발생한다. 충돌로 합쳐지며 새로 생긴 블랙홀의 질량은 태양 질량의 62배이며, 3개의 태양이 동시에 폭발한 것과 같은 엄청난 양의 에너지가 뿜어져 나왔다.

④ 13억 년 뒤 중력파가 지구에 도착한다. 중력파는 먼 거리를 지나면서 매우 약해져 지구의 시공간은 겨우 1광년의 거리 중 머리카락 굵기만큼만 변화했다.

중력파를 검출하라! 라이고 프로젝트

이번엔 2017 노벨 물리학상 수상자들이 설립해 중력파를 검출하도록 이끈 라이고 프로젝트에 대해 알아봐요. 라이고 프로젝트는 전 세계 13개국 과학자 1000명 이상이 참여한 거대한 프로젝트예요. 우리나라 과학자들도 참여해 라이고가 관측한 데이터를 분석하는 연구와 프로그램 개발에 기여했지요.

킵 손 교수는 노벨위원회의 인터뷰에서 "라이고 연구소의 업적은 엄청난 규모의 국제적인 협력의 결과이며 많은 사람들이 공헌한 덕분"이라고 말했어요. 이어 "앞으로 노벨위원회가 프로젝트를 시작한 독창적인 사람들뿐 아니라 공헌한 사람들에게도 상을 줄 수 있는 방법을 찾길 바란다"고 말했답니다.

그럼 라이고에 대해 본격적으로 알아볼까요? 라이고(LIGO)는 '레이저 간섭계 중력파 관측소(Laser Interferometer Gravitational-Wave Observatory)'의 줄임말로 중력파를 검출하는 장치예요. '중력파 검출기'가 아닌 '중력파 관측소'라는 말을 쓴 데서 알 수 있듯 일종의 천문대지요. 미국 남동부의 도시 리빙스턴과 북서부의 핸포드에 위치하고 있답니다.

라이고는 'ㄴ'자 모양으로 두 팔이 달린 거대한 관측소예요. 90°로 꺾

LIGO

미국 리빙스턴(좌)과 핸포드(우) 지역에 위치한 라이고 관측소의 모습

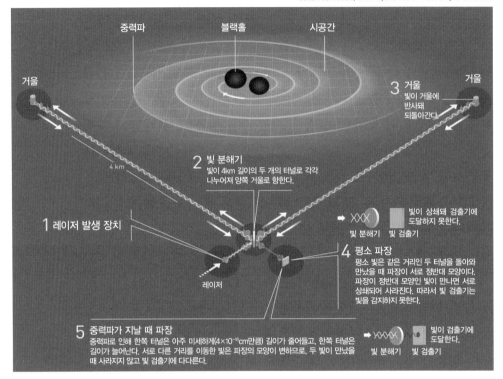

중력파
블랙홀
시공간

거울
거울

3 거울
빛이 거울에
반사돼
되돌아간다.

4 km

2 빛 분해기
빛이 4km 길이의 두 개의 터널로 각각
나누어져 양쪽 거울로 향한다.

빛이 상쇄돼 검출기에
도달하지 못한다.
XXX
빛 분해기 빛 검출기

1 레이저 발생 장치

4 평소 파장
평소 빛은 같은 거리인 두 터널을 돌아와
만났을 때 파장이 서로 정반대 모양이다.
파장이 정반대 모양인 빛이 만나면 서로
상쇄되어 사라진다. 따라서 빛 검출기는
빛을 감지하지 못한다.

레이저

5 중력파가 지날 때 파장
중력파로 인해 한쪽 터널은 아주 미세하게(4×10⁻¹⁸cm만큼) 길이가 줄어들고, 한쪽 터널은
길이가 늘어난다. 서로 다른 거리를 이동한 빛은 파장의 모양이 변하므로, 두 빛이 만났을
때 사라지지 않고 빛 검출기에 다다른다.

빛이 검출기에
도달한다.
XXXX
빛 분해기 빛 검출기

라이고의 원리
라이고는 'ㄴ'자 모양으로 두 팔이 달린 거대한 관측소로, 90°로 꺾인 양팔의 길이가 4km에 달한다. 중앙에는 레이저
발사 장치가, 양팔의 끝에는 거울이 설치돼 있는데, 중앙에서 양팔을 향해 레이저를 발사하면 그 끝에서 거울에 반사돼
다시 돌아오도록 설계됐다.

인 양팔의 길이가 4km에 달하지요. 중앙에는 레이저 발사 장치가, 양
팔의 끝에는 거울이 설치돼 있는데, 중앙에서 양팔을 향해 레이저를 발
사하면 양팔 끝에서 거울에 반사돼 다시 돌아오도록 설계됐답니다. 양
팔의 길이가 같고 레이저(빛)의 속도가 동일하기 때문에 평소에는 빛이
되돌아오는 시간이 늘 같아요. 두 빛이 같은 시간, 같은 거리를 움직였
다면, 두 빛의 파장이 정확히 정반대로 겹쳐지며 상쇄돼 사라지고 말아
요. 그럼 빛 검출기가 아무런 신호도 검출하지 못하지요.

하지만 중력파가 지구를 지나가면 주변의 시공간이 흔들려요. 그럼 양팔을 지나는 빛이 이동하는 거리와 시간에 미세한 변화가 생기지요. 그 결과 두 빛이 만났을 때 파장이 정확히 겹쳐지지 않아 상쇄되지 않고 빛 검출기에 도달해요. 즉, 라이고는 아주 미세한 변화를 감지해 중력파를 검출하는 거예요. 빛(레이저)을 이용해서 미세한 길

LIGO

라이고의 광학장비가 오염되지 않았는지 검사하는 모습

이의 변화를 측정하는 '세상에서 가장 정밀한 자'인 셈이지요.

라이고는 수소 원자핵의 1만 분의 1 크기 변화까지 알 수 있을 정도로 정확도가 뛰어나요. 그 이유 중 하나는 터널 끝에 설치된 거울 덕분이에요. 거울은 지구의 어떤 변화에도 영향을 받지 않도록 꼼꼼하게 설치됐어요.

예를 들어 거울이 바람이나 지진 때문에 생긴 진동에 살짝이라도 흔들리면, 빛을 쏜 터널 입구에서부터 거울까지의 거리가 계속 달라져요. 그럼 양쪽 터널을 통과한 빛이 되돌아오는 데 시간 차이가 생겨도 중력파 때문인지, 바람이나 지진으로 생긴 진동 탓인지 구분할 수가 없지요. 결국 거울이 흔들리면 중력파가 검출된 것인지 확신할 수가 없어요.

따라서 연구팀은 라이고가 이런 외부의 영향을 거의 받지 않도록 아주 무거운 철 구조물에 거울을 고정시켰어요. 게다가 거울은 40kg 정도로 아주 무겁고 두껍게 만들어졌어요. 이렇게 무거운 덕분에 거울은 지구에서 생긴 어떠한 진동에도 거의 흔들리지 않고 정확히 레이저를 반사할 수 있답니다.

중력파 검출을 위한 도전의 역사

혹시 영화 〈인터스텔라〉 보셨나요? 크리스토퍼 놀란 감독이 연출한 SF 영화로 한국에서만 1000만 관객을 끌어모으며 화제가 됐지요. 지구가 더 이상 살 수 없을 정도로 황폐해지자, 인류는 인간이 살 수 있는 외계행성을 찾기 위해 우주인을 선발해 우주로 보낸답니다. 인류 대표로 선발된 우주인들은 중력으로 인해 일그러진 시공간 사이를 통과하며 아주 먼 우주까지 이동해요. 이 과정에서 광활한 우주를 배경으로 갖가지 모험이 펼쳐져 긴장을 늦출 수 없지요. 게다가 상대성이론, 블랙홀, 웜홀, 양자역학 등 최신 물리학 개념들이 영화 속에 등장해 지적 호기심을 자극한답니다.

그런데 영화 〈인터스텔라〉가 이렇게 어려운 물리학 개념을 영화 속에 잘 녹일 수 있었던 비결은 2017 노벨 물리학상 수상자 중 한 사람인

워너브라더스

영화 〈인터스텔라〉의 한 장면

킵 손 교수 덕분이에요. 킵 손 미국 캘리포니아공대 교수는 세계적인 이론물리학자로 영화 〈인터스텔라〉의 과학 자문을 맡아 대중에게 널리 알려졌지요. 킵 손 교수는 영화가 개봉된 이후 저서 《인터스텔라의 과학》을 펴내 어떻게 여러 과학 이론들을 영화 속에 녹여냈는지 소개하기도 했답니다.

킵 손 교수와 함께 같은 대학 배리 배리시 교수, 라이너 바이스 미국 매사추세츠공대(MIT) 교수도 2017 노벨 물리학상을 받았어요. 세 사람은 중력파로 인한 시공간의 작은 변화를

감지해내기 위해 '레이저 간
섭계 중력파 관측소(LIGO,
Laser Interferometer Gravitational
Wave Observatory; 라이고)'를 설
계 및 건설하고 '라이고 프
로젝트'를 이끌었지요.

노벨위원회는 "40년간
의 노력 끝에 중력파를 관

노벨 물리학상 수상자들(왼쪽부터 라이너 바이스, 배리 배리시, 킵 손 교수)

측하는 데 성공해, 우주의 탄생과 진화 과정을 새로운 관점에서 접근할
수 있게 됐다"며 "중력파 검출은 세계를 뒤흔든 발견"이라고 선정 이유
를 밝혔어요. 안타깝게도 초기 라이고 소장을 맡아 중력파 검출기를 설
계하고 건설에도 큰 역할을 했던 로널드 드레버 미국 캘리포니아공대
전 명예교수는 2017년 3월 85세로 세상을 떠나 최종 노벨 물리학상 수
상자 명단에서 제외됐어요. 유력한 노벨 물리학상 후보였지만 살아 있
는 사람에게만 상을 수여하는 노벨위원회의 방침 때문이었지요.

중력파를 검출하기 위한 시도는 1950년대로 거슬러 올라가요. 1955
년 미국의 물리학자 조세프 웨버는 알루미늄으로 된 2m 크기의 원통
모양 장비를 만들어 중력파를 검출하는 실험을 했어요. 중력파가 지나
가면 원통이 흔들리면서 원통 주위에 전류가 흘러 중력파를 검출할 수
있도록 만들었지요. 하지만 이 장비는 정확도가 떨어져서 사용할 수 없
었어요.

1970년대에 드디어 빛으로 거리 변화를 재서 중력파를 검출하는 연
구가 시작됐어요. 중력파는 시공간에 아주 미세한 변화를 일으키기 때
문에 이를 검출하기 위해서는 관측기가 정밀해야 해요. 그러기 위해서

시간여행은 정말 가능할까?

상대성이론 덕분에 과학자들은 시간여행의 가능성에 대해 논의할 수 있게 됐어요. 시간여행에는 미래로 가는 여행과 과거로 가는 여행이 있어요. 이 중 이론적으로 미래로 가는 시간여행이 과거로 가는 것보다 좀 더 가능성이 높지요.

특수상대성이론에 따르면 빠르게 움직이는 물체는 시간이 느리게 흘러가요. 이런 현상을 설명하는 이론이 있어요. 바로 '립 밴 윙클 효과'예요. 초고속으로 우주여행을 떠난 사람의 시간은 지구에 머물던 아들의 시간보다 느리게 흘러요. 그 결과 지구로 돌아왔을 때 아들의 나이가 자신보다 많아질 수 있지요.

시간여행을 하기 위해 필요한 건 웜홀이에요. 영화 〈인터스텔라〉에서도 우주인들은 웜홀을 통과해 시간여행을 해요. 웜홀은 멀리 떨어진 두 장소를 연결하는 벌레구멍 같은 거예요. 웜홀 안쪽에는 매우 강한 중력이 작용해서 시공간이 크게 일그러져요. 그래서 이론적으로는 웜홀을 지나갈 수 있다면 멀리 떨어진 장소로 순식간에 이동할 수 있지요.

NASA

웜홀을 통해 시간여행을 하는 상상도

는 관측기가 아주 커야 하지요. 현재의 라이고는 1972년 라이너 바이스 교수가 만든 설계도를 바탕으로 만들어졌어요. 바이스 교수는 강력한 빛인 레이저를 이용해 중력파를 검출하는 장비를 연구했지요.

그는 수십m 크기에서 수백m 크기의 중력파 검출기를 만드는 데 연달아 성공한 뒤 미국과학재단에 더욱 거대한 관측소를 짓자고 제안했어요.

한편 비슷한 시기에 킵 손 교수 역시 중력파 검출을 위한 연구를 하고 있었어요. 2017년 세상을 떠난 로널드 드레버 교수와 함께 중력파 실험 그룹을 만들어 레이저를 이용한 중력파 검출기를 개발하고 있었지요.

미국과학재단에서는 바이스 교수의 MIT 연구팀과 킵 손 교수의 캘리포니아공대 연구팀이 함께 거대한 관측소를 지어 중력파 연구를 하라고 제안했어요. 이것이 '라이고 프로젝트'가 탄생한 배경이지요.

이후 미국 루이지애나 주 리빙스턴 지역과 워싱턴 주 핸포드 지역이 관측소 설립지로 선정됐어요. 1994년 라이고 관측소 건설이 시작되면서 2017 노벨 물리학상 수상자 중 한 사람인 배리 배리시 교수가 2대 책임자로 선정됐어요. 배리시 교수는 1998년까지 이어진 라이고 관측소 건설을 지휘했어요. 이어 2002년까지 라이고 관측 기기들을 설치하고 가동하는 과정을 감독했지요. 그는 2005년까지 이어진 가동과 관측에도 참여하며 중력파 실험을 하는 과학자들을 독려하고 검출기의 정확도를 높이는 데 큰 역할을 했답니다.

라이고는 2010년까지 총 6번 가동했어요. 하지만 그동안 중력파로 인한 변화를 감지하지 못했지요. 라이고는 좀 더 미세한 변화를 감지할 필요가 있었어요. 결국 연구팀은 라이고를 5년간 업그레이드하기로 결정했지요.

두 번째 도전, 어드밴스드 라이고

2015년 8월, 업그레이드를 통해 더욱 정밀해진 '어드밴스드 라이고'가 공개됐어요. 1991년에 만들어진 초기 라이고보다 성능이 1000배나 높았지요. 놀랍게도 어드밴스드 라이고는 공개된 지 한 달 만에 중력파를 처음으로 검출해요. 본격적인 가동을 앞두고 마지막 점검을 하던 날이었지요.

2015년 9월 14일 오후 6시 50분(한국시간), 미세한 신호가 포착됐어요. 몇몇 연구자들은 라이고의 이 미세한 신호를 즉각 알아챘지요. 연구자들은 다시 한번 이 신호를 분석해 다른 과학자들에게 결과를 전했어요. 그 결과는 놀라웠어요. 쌍성계가 충돌하며 남긴 중력파 신호였지요.

이게 정말 중력파 신호였을까요? 많은 과학자들의 검증이 이어졌어

LIGO Caltech MIT Sonoma State

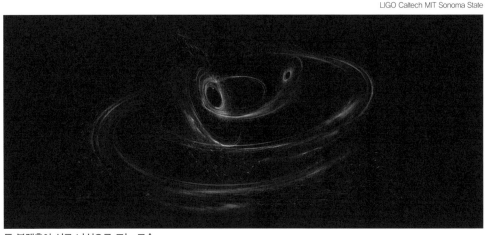

두 블랙홀이 서로 나선으로 도는 모습

요. 중력파 신호란 확신은 점점 커졌지요. 과학자들은 점점 흥분하기 시작했어요.

당시 가장 뜨거웠던 논쟁은 이것이 '진짜 중력파 신호인가, 혹은 가짜 신호인가'였어요. 라이고 관측소에서는 종종 기기를 점검하기 위해 가짜 신호를 넣기도 하거든요. 만약 이번에도 가짜 신호를 넣은 거라면 정말 맥 빠지는 일이었지요.

논쟁이 계속되자 라이고 관측소에서 가짜 신호를 넣지 않았다는 발표를 했어요. 즉, 이 신호가 중력파 신호가 맞았다면 실제 중력파를 최초로 관측한 것이 되는 거예요. 정밀한 검증 끝에 과학자들은 이 신호가 중력파가 틀림없다는 결론을 내렸어요. 처음으로 중력파를 검출한 역사적인 순간이었지요.

2015년 12월 26일, 두 번째 중력파 신호가 포착돼요. 그리고 다음 해인 2016년 2월, 라이고 연구팀은 전 세계 사람들에게 공식적으로 중력파를 검출했다는 사실을 알렸지요.

이후 2017년 8월까지 중력파는 세 차례 더 검출돼요. 특히 다섯 번째 중력파(8월 17일 검출)는 2017 노벨 물리학상 수상자가 발표된 것과 같은 달인 10월 17일(한국시간)에 발표됐어요. 중력파 분야가 노벨상을 수상하며 관심이 모아진 가운데, 블랙홀이 아닌 중성자별 쌍성이 충돌하면서 발생한 최초의 중력파 신호가 검출돼 더욱 화제가 됐지요. 어드밴스드 라이고는 8월 25일을 마지막으로 관측을 마쳤어요. 이제 다시 업그레이드와 정비를 거쳐 2018년 9월 이후 3차 관측 가동을 시작할 예정이에요.

노벨상을 아깝게 놓친 로널드 드레버

2016년 초 중력파를 검출하는 데 성공했다는 발표가 있은 뒤, 2016 노벨 물리학상은 중력파가 받을 것이라는 예측이 많았어요. 논문 인용 횟수 등을 토대로 노벨상 유력 후보를 예상하는 '톰슨로이터(현 클래리베이트애널리틱스)'는 킵 손 교수, 라이너 바이스 교수와 함께 로널드 드레버 미국 캘리포니아공대 명예교수를 유력 수상자로 발표했지요. 세 교수는 함께 라이고의 과학적 원리를 개발하고, 1984년 라이고 과학협력단 창설에 기여했거든요. 그런데 2016년 뜻밖에도 고체물리 분야가 노벨 물리학상으로 선정됐지요.

그리고 드디어 한 해 기다린 끝에 2017년 중력파 연구자들이 노벨 물리학상을 받았어요. 하지만 라이고의 주요 설립 멤버 중 한 사람인 로널드 드레버 교수는 이 상을 받을 수 없었어요. 2017년 3월, 86세의 나이로 세상을 떠났기 때문이에요.

드레버 교수는 어떤 분일까요? 1931년 영국 비숍턴에서 태어난 드레버 교수는 사실 초·중·고 시절 공부와는 인연이 멀었다고 해요. 이후 글래스고대에서 핵물리학으로 1958년 박사 학위를 받았지요. 드레버 교수는 1969년 조세프 웨버 교수가 중력파를 검출했다는 소식을 접한 뒤 중력파 연구에 관심을 갖게 돼요. 이후 한 학회에서 킵 손 교수를 만나 의기투합해 40m짜리 중력파검출기를 만들지요.

1983년 MIT의 바이스 교수와 캘리포니아공대의 킵 손 교수, 드레버 교수는 함께 라이고(LIGO. 레이저 간섭계 중력파 관측소의 약자) 프로젝트를 진행하기로 해요.

라이고 프로젝트 시작 당시 바이스 교수와 드레버 교수는 장치 설계에 대한 생각이 크게 달랐어요. 그래서 라이고 프로젝트는 시작부터 큰 어려움을 맞았지요. 하지만 결국 갈등을 딛고 1987년 라이고 프로젝트가 시작됐답니다.

2017년 3월 국제과학저널인 '사이언스'에 드레버 교수의 부고 기사가 실렸어요. 부고 기사를 쓴 바이스 교수는 "라이고가 중력파를 검출할 수 있을 정도로 정밀할 수 있었던 아이디어는 대부분 드레버의 머릿속에서 나왔다"고 말했답니다.

LIGO

4km에 이르는 라이고 한쪽 팔의 모습. 북서부의 핸포드를 향하고 있다.

중력파 발견, 어떤 의미가 있을까?

중력파 발견은 아인슈타인이 100년 전에 예측한 중력파의 존재를 직접 확인했다는 의미가 가장 커요. 라이고 연구팀이 검출한 중력파의 크기와 13억 년 전 충돌한 두 블랙홀의 질량을 비교한 결과, 아인슈타인이 예측한 값과 거의 정확하게 일치했어요. 즉, 일반상대성이론이 정확한 이론이라는 게 증명된 거예요.

또한 중력파 검출로 인류는 우주를 바라보는 새로운 눈을 갖게 됐어요. 빛은 시공간 속에서 다른 물질의 영향을 받아 왜곡되기도 하지만, 중력파는 시공간 자체가 일렁이는 것이기 때문에 왜곡되지 않아요. 따라서 중력파는 발생했을 때의 정보를 고스란히 가지고 있어요. 즉, 온갖 별들과 우주의 역사를 고스란히 지니고 있는 셈이지요.

빛을 통해 우주를 관측하는 전파망원경은 우주의 탄생인 빅뱅이 일어나고 38만 년이 지난 다음의 모습만을 볼 수 있어요. 하지만 중력파는 빅뱅이 일어나고 10^{-32}초 뒤부터 볼 수 있답니다. 중력파 검출 덕분에 인류는 우주의 기원과 진화 과정의 비밀에 한 걸음 더 다가설 수 있게 됐지요.

킵 손 교수는 노벨상 발표 직후 노벨위원회와의 통화에서 "갈릴레오가 망원경을 개발해 목성과 달을

NSF/LIGO/Sonoma State University/A.Simonnet

두 개의 중성자별이 충돌하며 중력파가 발생하는 모습. 감마선이 폭발하며 강한 빛이 수직으로 뿜어져 나오고 있다.

발견하면서 빛의 천문학이 시작됐다"며 "앞으로 중력파로 엄청난 것들을 관측할 것"이라고 말했어요. 이어 "블랙홀뿐만 아니라 중성자별이 충돌하고, 블랙홀이 중성자별을 찢어 버리는 장면을 볼 수도 있고, 우주가 탄생하던 가장 초기의 순간까지 보게 될 것"이라고 말했답니다.

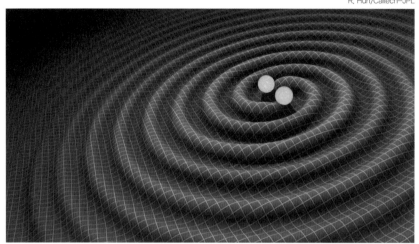

중성자별 쌍성이 충돌하면서 만들어진 중력파가 시공간을 통해 퍼져나가는 상상도

확인하기

 2017 노벨 물리학상은 이전에 비해 한결 친숙하고 쉽게(?) 느껴져요. 아마 중력파나 시간여행, 상대성이론 등의 단어가 SF 영화나 소설 등에서 한번 쯤 들어 본 적 있는 단어이기 때문일 거예요. 물론 정확히 아는지 물어보면 설명하기 어려울 테지만요.

앞에서 배운 2017 노벨 물리학상에 대한 내용이 중력파와 상대성이론, 시간여행 등의 개념을 이해하는 데 조금이나마 도움이 되길 바랄게요! 그럼 여러분이 내용을 제대로 이해했는지 한번 확인해 볼까요?

01 2017 노벨 물리학상에 대한 설명 중 틀린 것은?

① 2017년 10월 3일, 노벨위원회는 킵 손 미국 캘리포니아공대 명예교수와 같은 대학 배리 배리시 명예교수, 라이너 바이스 미국 매사추세츠공대(MIT) 명예교수를 2017 노벨 물리학상 수상자로 선정했다고 밝혔다.

② 킵 손, 라이너 바이스, 배리 배리시 교수 세 사람은 레이저간섭계중력파관측소(LIGO)를 만들어 중력파를 발견한 공로를 인정받아 노벨 물리학상을 받았다.

③ 수상자들은 약 100년 전 아인슈타인이 이론으로 예측했던 중력파를 실험으로 검증했다.

④ 라이너 바이스 교수와 배리 배리시 교수, 킵 손 교수는 모두 동일한 기여를 인정받았다.

02 방탄소년단이 뉴턴에 대해 이야기하고 있어요. 잘못된 설명을 하는 멤버는?

① RM: 뉴턴은 절대 공간과 절대 시간이라는 개념에서 운동의 법칙을 이끌어냈대.

② 뷔: 질량이 클수록, 거리가 멀수록 끌어당기는 힘이 세진대. 정말 신기하다!

③ 진: 중력 법칙은 모든 물체 사이에 서로 끌어당기는 힘이 작용한다는 법칙이래.

④ 슈가: 뉴턴이 만든 중력에 대한 법칙 이름이 '중력 법칙', 맞지?

03 워너원 멤버 중 잘못된 설명을 하는 멤버는?

① 라이관린: 만유인력은 마치 마법처럼 멀리 떨어져 있는 두 물체 사이에 힘이 즉각 전해지는 거래. 이거 정말 마음에 들어!

② 우진: 하지만 뉴턴은 만유인력이 원격으로 작용하는 건 말이 안 된다고 생각했다던데?

③ 대휘: 시간이 항상 일정한 속도로 흐른다고 주장한 뉴턴의 생각은 아인슈타인에 의해 증명됐어.

④ 진영: 시간은 항상 절대적이고 고유한 성질에 따라 똑같이 흐른다는 개념을 '절대 시간'이라고 하지.

04 아인슈타인이 중력파에 대해 설명하고 있어요. 틀린 설명을 고르세요.

① 빛의 속도는 물체의 운동에 따라 변할 수 있어.

② 시간과 공간 역시 질량이 있는 물체로 인해 얼마든지 변할 수 있지.

③ 중력은 시공간이 휘어지기 때문에 생기는 힘이야.

④ 물체의 가속도와 중력 사이에는 깊은 관계가 있어. 즉, 가속도와 중력이 비슷한 효과를 가지는 셈이지.

05 에딩턴의 말 중 맞는 설명을 모두 고르세요.

① 개기일식은 달 그림자가 태양을 완전히 가리는 천문현상이야.

② 만약 아인슈타인이 옳다면 태양이 주변의 시공간을 많이 일그러뜨려도 별빛은 원래 보여야 할 장소에서 보일 거야.

③ 개기일식 당시 난 태양과 아주 멀리 떨어진 반대 방향에 있는 별들의 사진을 찍었어.

④ 난 개기일식을 관측해 아인슈타인의 이론(일반상대성이론)이 옳았음을 증명했어.

06 2017 노벨 물리학상 수상자들의 설명 중 잘못된 것을 모두 고르세요.

① 킵 손 : 중력파가 지나가면 주변의 시공간을 변화시키지.

② 배리 배리시 : 중력파는 물체의 질량이 무거울수록, 속도가 느릴수록 더 강한 것으로 알려졌어.

③ 라이너 바이스 : 언젠가 인류는 중력파를 검출할 것이란 아인슈타인의 예 측대로, 우리는 2015년 9월 처음으로 중력파를 검출하는 데 성공했어.

④ 배리 배리시 : 이론적으로는 일상생활에서도 중력파가 생기지만, 중력 은 아주 약한 힘이라 측정하기가 무척 어려워.

07 중력파에 대한 설명 중 맞는 것을 고르세요.

① 중력파는 매우 약한 힘인 중력으로부터 나온다.

② 2015년 라이고 연구팀이 처음 검출한 중력파는 두 개의 중성자별이 충 돌하는 과정에서 나왔다.

③ 중력파는 다른 물질에 의해 성질이 변하거나 전파 속도가 느려지기도 한다.

④ 중력파는 시공간을 흔드는 잔잔한 물결이라고도 불린다. 이는 중력파 로 인해 시공간이 무척 크게 출렁이기 때문이다.

08 다음의 설명 중 틀린 것을 고르세요.

① 라이고(LIGO)는 '레이저 간섭계 중력파 관측소(Laser Interferometer Gravitational-Wave Observatory)'의 줄임말로 중력파를 검출하는 장치다.

② 블랙홀은 질량이 큰 별이 생애를 마치며 남기는 매우 밀도가 높은 천체다.

③ 라이고는 'ㄴ'자 모양으로 두 팔이 달린 거대한 관측소로, 90°로 꺾인 양팔의 길이가 4km에 달한다.

④ 빛이 블랙홀에 잡히면 틀림없이 앞으로 나가고 있지만 강한 중력에 잡혀 앞으로 좀처럼 나아가지 못해 시간이 아주 빠르게 흐른다.

09 다음의 빈칸을 채우세요.

특수상대성이론에 따르면 빠르게 움직이는 물체는 시간이 느리게 흘러간다. 예를 들어, 초고속으로 우주여행을 떠난 사람의 시간은 지구에 머물던 아들의 시간보다 느리게 흘러간다. 그 결과 지구로 돌아왔을 때 아들의 나이가 자신보다 많아질 수 있다. 이런 현상을 설명하는 이론을 (   )라고 한다.

10 다음의 빈칸을 채우세요.

라이고는 2010년까지 총 6번의 가동을 하지만 중력파로 인한 길이 변화를 감지하지 못한다. 좀 더 미세한 변화를 감지하기 위해 5년간 업그레이드 후 공개한 (   )는 공개된 지 한 달 만에 중력파를 처음으로 검출했다. (   )는 초기 라이고보다 성능이 1000배나 높았다.

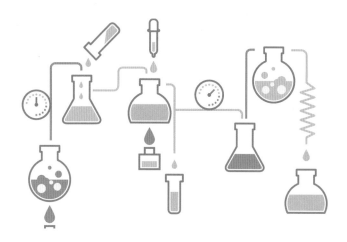

와, 벌써 다 풀었나요?
정답은 아래쪽에 있어요!

2017 노벨 화학상

2107 노벨 화학상, 3명의 주인공을 소개합니다!

몸 풀기! 사전지식 깨치기

본격! 수상자들의 업적

확인하기

2017 노벨 화학상, 3명의 주인공을 소개합니다!
- 요아힘 프랑크, 리처드 헨더슨, 자크 뒤보셰

2017 노벨 화학상은 극저온전자현미경 (Cryo-Electron Microscopy)을 개발한 과학자들에게 돌아갔어요. 요아힘 프랑크 미국 컬럼비아대 교수와 리처드 헨더슨 영국 MRC분자생물학연구소 박사, 자크 뒤보셰 스위스 로잔대 명예교수가 그 주인공이지요.

극저온전자현미경은 세포나 수용액 속에 녹아 있는 생화학 분자의 구조를 고해상도 영상으로 직접 관찰할 수 있게 해 주는 장치예요. 수용액에 담긴 생화학 분자를 영하 200℃ 이하의 극저온 상태로 급냉각시킨 뒤 정밀 관찰하는 방식이지요. 단백질이나 바이러스와 같은 생체분자들이 자연스럽게 살아 있는 모습을 포착한 '스냅샷'을 얻을 수 있답니다.

노벨위원회의 새러 스노게루프 린세 위원장은 "이제 더 이상의 비밀은 없어졌다. 수상자들 덕분에 우리 세포의 구석구석, 체액 한 방울의 생체분자까지 복잡한 세부 사항을 있는 그대로 볼 수 있게 됐다"며 "이제 우리는 생체분자가 어떻게 형성되고 움직이며 협력하는지를 이해할 수 있다. 생화학의 혁명을 맞이하고 있는 것이다"라고 밝혔답니다.

2017 노벨 화학상 한 줄 평

생화학의 새 시대를 열다!

미국 컬럼비아대

요아힘 프랑크
· 1940년 독일 출생
· 1970년 뮌헨기술대 박사
· 현재 미국 컬럼비아대 생화학, 분자 생물물리학, 생물학과 교수

영국 케임브리지대

리처드 헨더슨
· 1945년 스코틀랜드 출생
· 1969년 영국 케임브리지대 박사
· 현재 영국 케임브리지대 분자생물학
  MRC 실험실 프로그램 리더

스위스 로잔대

자크 뒤보셰
· 1942년 스위스 출생
· 1973년 스위스 제네바대 박사
· 현재 스위스 로잔대 생물물리학과 교수

몸 풀기! 사전지식 깨치기

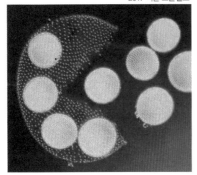
2017 니콘 스몰월드

이 사진은 무엇을 찍은 걸까요? 마치 '팩맨'이란 게임의 한 장면 같아요. 캐릭터가 입을 크게 벌려 노란색 포인트를 먹고 있는 것처럼 보이지요. 그러나 실제로는 민물에 사는 녹조류인 '볼복스'가 자손을 퍼뜨리기 위해 포자를 방출하고 있는 모습이에요. 프랑스의 장마르크 바바리안이 볼복스를 현미경으로 확대해서 관찰하다가 포착했지요. 그리고 이 사진을 〈니콘 스몰월드 2017〉에 출품하여 3위를 수상했답니다.

〈니콘 스몰월드 2017〉은 카메라를 만드는 회사 '니콘'에서 매년 진행하고 있는 현미경 사진 공모전이에요. 현미경으로 물체를 확대한 사진인 만큼, 평소 우리가 눈으로 볼 수 없는 신비한 모습이 담겨 있지요. 어떤 사진은 예술가가 만든 작품 같기도 하고, 또 어떤 사진은 또 다른 물체를 연상시키기도 해요.

이처럼 세상에는 우리가 눈으로 직접 볼 수 없는 작은 세상이 있어요. 아무리 시력이 좋은 사람이라도 볼 수 있는 크기에 한계가 있거든요. 지금 눈을 있는 힘껏 크게 뜨고 손을 관찰해 보세요. 손톱과 피부, 주름 및 미세한 털이 보이지만 손톱 밑 세균이나 피부세포는 보이지 않아요. 마찬가지로 머리카락 표면이나 모기의 주둥이, 외투에 붙어 있는 미세먼지와 같이 아주 작은 물체를 맨눈으로 볼 수 없지요. 과학자들은 이렇게 맨눈으로 볼 수 없는 작은 물체를 크게 보기 위해 현미경을 만들었답니다.

잠시, 〈니콘 스몰월드 2017〉의 다른 수상작들을 감상해 볼까요?

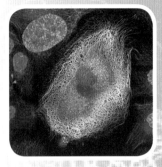

이것은 무엇일까요? 미세한 털들이 얽히고설킨 모습이 수세미 같아요. 옥수수수염처럼 생긴 것 같기도 하네요. 사실 이 사진은 사람의 각질 세포를 확대한 것이랍니다.

이 사진은 뼈의 모습을 확대한 거예요. 초록색은 콜라겐 섬유질이고 빨간색은 지방 침착물이라고 하네요. 마치 커다란 크리스마스트리처럼 보여요!

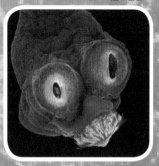

까악~, 괴물이 나타난 걸까요? 얼핏 보면 큰 눈에 뾰족한 이빨이 가득나 있는 꼴뚜기 같네요. 사실 이 사진은 원엽목에 속하는 촌충의 머리 부분을 현미경으로 본 사진이에요.

노란 젤리처럼 보이는 물체 두 개가 나란히 있어요. 젤리 주변으로 미세한 털들도 많이 나 있네요.
사진 속 노란 물체는 나뭇잎에 붙어 있는 나비의 알이에요.

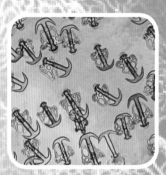

알파벳 대문자 'T'와 해골처럼 보이는 패턴이 반복적으로 보여요. 사실 해삼의 표피를 100배율로 확대한 모습이랍니다. 이 사진은 예술 디자이너의 작품이라고 해도 손색이 없어 보여요.

또아리를 틀고 있는 뱀처럼 보이는 이 사진은 갓 태어난 쥐의 달팽이관을 100배 확대한 모습이에요. 달팽이관은 청각을 담당하는 기관이지요. 빨간색 부분이 뉴런이라는 신경세포랍니다.

2017 노벨 화학상

맨눈으로 볼 수 있는 가장 작은 크기는?

그렇다면 우리는 물체를 얼마나 자세히 볼 수 있을까요? 이를 알아보기 위해 먼저 우리가 물체를 어떻게 보고, 인지할 수 있는지 원리를 이해해야 해요.

우리가 물체를 볼 수 있는 것은 빛이 물체에 반사되기 때문이에요. 빛은 일반적으로 직진하는 성질을 갖고 있어요. 문틈으로 들어오는 햇빛과 손전등, 스마트폰에서 나오는 빛 등은 모두 일직선으로 나아가지요. 그러다 물체에 부딪히는 순간 일부 빛은 통과하고, 일부 빛은 반사되어 튕겨 나가요. 반사된 빛을 눈에서 받아들이고 시각 신경을 통해 뇌에서 인지하면 '물체'를 볼 수 있는 거예요.

반사되어 튕겨 나온 빛은 가장 처음 눈의 가장 바깥쪽에 있는 얇고 투명한 각막을 통해 눈으로 들어와요. 이후 동공을 지나 투명하고 볼록한 렌즈 모양의 수정체에 도착하면 빛이 꺾이기 시작하지요. 수정체는 눈에 들어온 빛을 모아서 물체의 초점이 망막에 맺히게 해 주는 역할을 해요. 초점의 위치는 물체가 얼마나 멀리 떨어져 있는지에 따라 달라져요. 따라서 수정체는 물체까지의 거리에 상관없이 초점이 항상 망막에 정확하게 맺힐 수 있도록 두께를 조절해요.

수정체를 통과하며 꺾인 빛은 유리체를 통과한 뒤 망막에 도착해요. 그럼 망막에 있는 시각 세포는 시각 신경을 통해 빛의 자극을 뇌로 전달하고, 뇌는 이 신호로 물체의 모습을 인지하게 된답니다.

이러한 과정을 통해 우리는 맨눈으로 약 0.1mm(밀리미터) 크기의 물체까지 볼 수 있어요. 물체가 너무 작으면 반사된 빛도 흐려져서 우리 눈에서 인지하기 어렵거든요. 1μm(마이크로미터)는 1mm의 1000분의 1

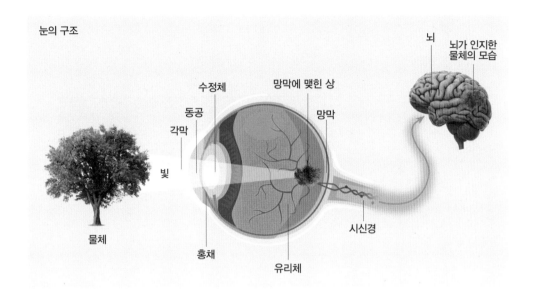

눈의 구조

뇌
뇌가 인지한
물체의 모습

수정체
망막에 맺힌 상
동공
각막
망막
빛
시신경
물체
홍채
유리체

- **홍채** 빛의 양에 따라 동공의 크기를 크거나 작게 만든다. 이를 통해 눈으로 들어오는 빛의 양을 조절할 수 있다. 만약 빛이 많을 경우 동공을 작게 만들고, 밤처럼 빛이 적을 경우 빛을 최대한 받기 위해 동공을 최대한 크게 만든다.
- **각막** 눈의 앞쪽을 덮고 있는 투명한 막이다.
- **수정체** 볼록렌즈처럼 빛을 굴절시켜서 망막에 정확히 상이 맺히도록 해 준다.
- **망막** 물체의 상이 맺히는 곳이다. 시각세포가 빛의 색깔과 밝기를 인식한다.
- **시각 신경** 시각세포에서 받아들인 신호를 대뇌로 전달한다.
- **뇌** 시각 신경을 통해 전달된 전기 신호로 물체를 인지한다.

이니까, 100㎛까지 맨눈으로 볼 수 있는 거지요. 머리카락의 지름 정
도로 생각하면 돼요. 하지만 이보다 작은 것들은 맨눈으로 보기 힘들기
때문에 돋보기나 현미경 같은 도구를 사용하는 거랍니다.

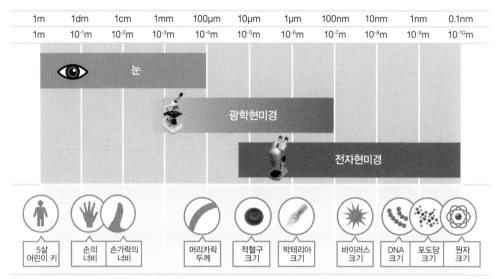

1m	1dm	1cm	1mm	100μm	10μm	1μm	100nm	10nm	1nm	0.1nm
1m	10⁻¹m	10⁻²m	10⁻³m	10⁻⁴m	10⁻⁵m	10⁻⁶m	10⁻⁷m	10⁻⁸m	10⁻⁹m	10⁻¹⁰m

눈

광학현미경

전자현미경

5살 어린이 키 | 손의 너비 | 손가락의 너비 | 머리카락 두께 | 적혈구 크기 | 박테리아 크기 | 바이러스 크기 | DNA 크기 | 포도당 크기 | 원자 크기

크기별 볼 수 있는 범위

물체를 확대하고 싶을 땐 렌즈!

사람들은 아주 오래전부터 눈으로 볼 수 없는 세상이 있다는 사실을 알고 있었어요. 맨눈으로 볼 수 있는 것보다 훨씬 작은 것들을 보고 싶어 했지요. 고대 이집트와 바빌로니아, 그리스, 로마 시대 사람들은 렌즈를 사용하기 시작했어요. 렌즈를 쓰면 눈으로 보이지 않는 것들을 볼 수 있다는 사실을 알아챘거든요. 당시 렌즈는 지금보다 훨씬 거칠어서 물체가 선명하게 보이지는 않았지만, 과학자들은 현미경의 역사가 여기서 시작되었다고 보고 있어요.

지금도 물체를 확대해서 보고 싶을 때 사용하는 도구는 돋보기예요. 할아버지께서 신문을 보기 위해 자주 사용하시는 물건이지요. 돋보기를 물체에 가까이 가져다 대면, 렌즈 안쪽에 있는 물체나 글씨가 훨씬

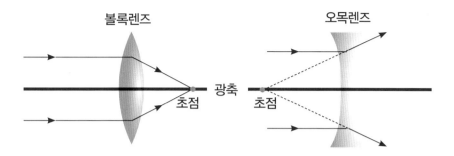

볼록렌즈는 빛이 한곳으로 모이고, 오목렌즈는 밖으로 퍼져 나간다.

크게 보여요. 그 이유는 돋보기에 쓰인 렌즈가 볼록렌즈이기 때문이랍니다.

볼록렌즈는 이름 그대로 볼록한 렌즈를 말해요. 가운데 부분이 가장자리보다 두꺼운 모양이지요. 나란한 빛이 볼록렌즈를 지나면 꺾여서 한 점에 모여요. 왜냐하면 빛이 렌즈를 통과할 때 렌즈의 두꺼운 쪽으로 꺾이기 때문이에요. 렌즈의 가운데 부분이 가장자리 부분보다 두꺼운 볼록렌즈에서는 빛이 렌즈의 가운데 쪽으로 꺾여 모이는 거예요. 이렇게 빛이 꺾여서 한곳으로 모인 점을 '초점'이라고 부른답니다.

볼록렌즈를 물체에 가까이 대 보세요. 물체가 렌즈의 초점 안에 있기 때문에 물체가 훨씬 크게 보일 거예요.

그러다 볼록렌즈를 물체에서 멀리 떨어뜨려 보세요. 물체와의 거리가 멀어질수록 물체는 점점 작게 보일 거예요. 그러다 물체가 초점 밖으로 나가면 물체는 위아래가 뒤집어진 상태로 보여요.

반면, 가장자리가 가운데보다 더 두꺼운 오목렌즈로 물체를 보면 물체의 위치와 관계없이 항상 실제보다 작게 보여요.

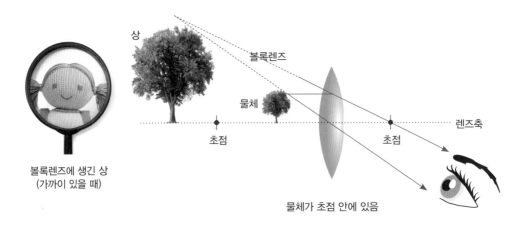

상

볼록렌즈

물체

초점

초점

렌즈축

볼록렌즈에 생긴 상
(가까이 있을 때)

물체가 초점 안에 있음

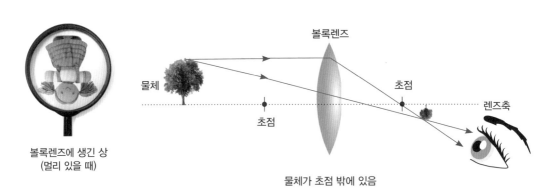

볼록렌즈

물체

초점

초점

렌즈축

볼록렌즈에 생긴 상
(멀리 있을 때)

물체가 초점 밖에 있음

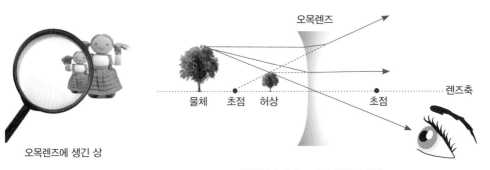

오목렌즈

물체   초점   허상

초점

렌즈축

오목렌즈에 생긴 상

물체보다 작은 크기의 허상이 생김

볼록렌즈 하나로 이뤄진 돋보기는 보통 물체를 10~20배 정도 확대해서 보여 줘요. 하지만 훨씬 더 작은 물체를 더 자세히 보기 위해서는 돋보기로 확대한 모습을 또다시 확대하는 기술이 필요해요. 그래서 현미경에는 기본적으로 2개 이상의 렌즈가 사용되지요.

렌즈 두 개 중 물체와 가까이에 놓는 렌즈를 '대물렌즈', 눈과 가까이 있는 렌즈를 '접안렌즈'라고 불러요. 현미경은 물체, 대물렌즈, 접안렌즈 순서대로 놓고, 접안렌즈 쪽에서 물체를 보는 거예요. 그럼 물체가 대물렌즈 초점 밖에 있기 때문에 확대한 모습은 상하가 뒤집어진 상태이지요. 그러나 이 모습이 만들어지는 곳은 접안렌즈와 접안렌즈 초점 사이에요. 그 결과 접안렌즈에는 물체가 한 번 더 확대되어 더 커진 모습이 나타난답니다.

현미경이 얼마나 확대해서 보여 줄 수 있는가를 말해 주는 배율은 대물렌즈의 배율과 접안렌즈의 배율을 곱해서 표현해요. 예를 들어서 대물렌

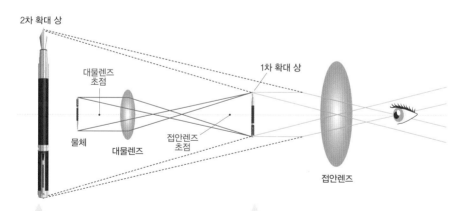

접안렌즈 초점과 접안렌즈 사이에 생긴 1차 확대 상은 접안렌즈에 의해 한 번 더 확대되어 더 커다란 2차 확대 상이 된다.

물체가 대물렌즈 초점 밖에 있어서 거꾸로 된 1차 확대 상이 생긴다.

현미경의 원리

자연 속 현미경, 물!

비가 온 뒤 잎에 맺혀 있는 물방울을 본 적이 있나요? 잎을 살짝만 건드려도 아래로 또르르 떨어질 것처럼 가운데가 볼록한 돔 모양을 하고 있지요. 그리고 그 안을 들여다보면 잎맥이 훨씬 크게 보여요. 볼록한 물방울이 볼록렌즈의 역할을 해서 잎맥이 크게 보이는 거예요. 실제로 로마 시대의

셔터스톡

물이 볼록렌즈 역할을 해서 글씨가 크게 보인다.

정치가이자 철학자인 세네카는 둥근 모양의 투명한 그릇에 물을 채우면 글자가 확대되어 보인다는 사실을 알고, 이를 렌즈처럼 사용했다고 알려져 있지요.

영화 〈내셔널 트레저〉에도 물을 현미경으로 쓰는 장면이 나와요. 이 영화는 보물지도에 쓰여 있는 힌트를 따라 보물을 찾아나서는 보물 사냥꾼의 이야기예요. 주인공은 친구들과 머리를 맞대고, 다양한 방법을 통해 수수께끼를 풀어 나가지요. 결정적인 단서는 지폐에 있어요. 100달러짜리 지폐 뒷면에 시계가 있는데, 시계 바늘이 가리키는 숫자가 보물을 찾는 또 다른 힌트가 되는 것이죠. 하지만 시계 그림은 매우 작았어요. 그래서 맨눈으로는 힌트를 알아낼 수 없었지요. 만약 현미경이 있었다면 단번에 지폐를 확대해 볼 수 있었을 거예요. 하지만 현장은 과학실이 아니었고, 현미경도 없었지요. 이때 주인공은 급하게 물병을 찾았어요. 그러고는 물병을 지폐에 댄 채 눈을 가까이 댔지요. 물병을 통해 지폐를 살펴본 주인공은 시간을 읽어냈답니다.

즈로 100배를 확대할 수 있고 접안렌즈로 10배를 확대할 수 있으면 물체를 1000배로 확대해서 볼 수 있게 되는 거예요.

가시광선으로 보는 광학현미경(Optical Microscope, OM)

셔터스톡

광학현미경

렌즈와 우리 눈에 보이는 가시광선(빛)을 이용해서 물체를 확대해 보는 현미경을 '광학현미경'이라고 해요. 빛이 렌즈를 통과하면서 굴절하는 성질을 이용한 거지요. 광학현미경에 사용되는 접안렌즈와 대물렌즈는 모두 볼록렌즈예요. 접안렌즈와 대물렌즈의 위치와 구조는 다르지만 두 렌즈 모두 물체의 모습을 확대하는 역할을 한답니다.

역사로 보는 광학현미경의 변화

위키백과

클라우디오스 프톨레마이오스

광학현미경의 역사는 2세기 무렵 그리스에서 시작됐어요. 당시 천문학자였던 프톨레마이오스가 처음으로 유리가 물체를 확대시켜 보여 준다는 사실을 알았거든요. 시력을 보완해 주는 안경이나 물체를 확대해 볼 수 있도록 만든 단순한 형태의 렌즈는 중세 시대 이탈리아 지방에서 많이 사용되었답니다.

사건 1) 얀센 부자, 최초의 현미경을 만들다!

1590년, 네덜란드의 얀센 부자가 세계 최초로 현미경을 만들었어요. 이

위키피디아
얀센 부자가 만든 최초의 현미경

부자는 안경을 만드는 일을 하고 있었지요. 그러다 모양이 다른 렌즈 두 개를 겹쳐 놓으면 물체가 훨씬 더 크게 확대된다는 사실을 발견했어요. 얀센 부자는 세 개의 관에 두 개의 렌즈를 껴 넣었어요. 하나는 양면이 볼록한 렌즈였고, 나머지 하나는 한 면만 볼록한 렌즈였지요.

얀센 부자는 한 면만 볼록한 렌즈가 있는 쪽에 물체를 놓고, 양면이 볼록한 쪽에 눈을 대고 들여다봤어요. 그러자 물체가 약 3배 확대되어 보였답니다. 심지어 이 현미경을 길게 늘여 펴면 최대 10배 정도 확대시켜 볼 수 있었지요. 이렇게 만들어진 세계 최초의 현미경은 주로 해양 탐사에 이용되었어요.

사건 2) 레벤후크, 현미경의 배율을 높이다!

네덜란드의 발명가인 안톤 판 레벤후크는 '광학현미경의 아버지'로 불려요. 최초의 현미경이 만들어진 이후, 현미경의 배율을 크게 높이는 데 성공했거든요.

레벤후크가 사용한 건 유리구슬이었어요. 일단 구리로 탁구채 모양의 현미경 판 두 개를 만들고, 그 사이에 유리구슬을 박았어요. 그리고 구슬 앞의 뾰족한 막대에 관찰할 샘플을 놓을 수 있도록 했지요. 이 막대는 손잡이처럼 생긴 반대쪽 막대와 나사로 연결돼 있어서, 막대기의 손잡이 부분을 돌리면 샘플의 위치가 조절된답니다.

이 방법으로 현미경을 사용하는 사람이 렌즈의 초점을 맞출 수 있어

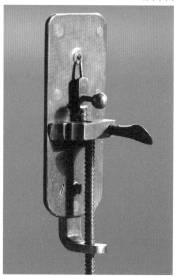

안톤 판 레벤후크와 그가 개발한 현미경

요. 막대기 손잡이 부분을 잡고, 샘플의 반대쪽에서 렌즈에 눈을 가까이 대면 샘플이 확대되어 보여요. 이렇게 관찰하면 물체가 273배나 크게 확대되어 보였어요. 당시 존재하던 다른 어떤 현미경보다도 크게 확대된 배율이었답니다.

많은 사람들이 레벤후크의 현미경에 놀란 다른 이유는 레벤후크가 교육을 정식으로 받지 않은 기술자였기 때문이에요. 초등 교육만 받은 그는 친척에게 수학과 물리 기초 원리를 배운 정도였지요. 하지만 그는 끊임없이 미생물을 연구했고, 더 선명하게 더 잘 확대해서 보기 위해 현미경을 직접 만들게 되었어요. 그 결과 그는 현미경 '덕후'가 되었고, 덕분에 성능이 좋은 현미경을 만들 수 있었답니다.

사건 3) 로버트 훅, 현미경으로 세포를 발견하다!

로버트 훅은 현미경을 사용해서 처음으로 세포를 관찰했어요. 직접 만든 현미경으로 식물의 코르크 조직을 관찰했는데, 그 조직이 벌집과 같은 방으로 이뤄져 있다는 사실을 발견했지요. 로버트 훅은 '작은 방'이라는 뜻의 라틴어를 인용해 그 벌집과 같은 방에 '세포(cell)'라는 이름을 붙였어요. 그리고 세계 최초로 세포를 관찰한 사람이 되었답니다.

당시 사용한 현미경은 기존의 현미경과는 매우 다른 모양이었어요. 긴 원통과 큰 유리구슬 두 개가 샘플을 향해 있었지요. 긴 원통 끝에는 눈을 대는 부분을 만들어서 샘플을 볼 때 눈이 렌즈에 너무 가까이 있지 않도록 만들었어요.

유리구슬 두 개 중 하나는 둥근 플라스크로 물이 채워져 있고, 나머지 하나는 기름이 들어 있는 램프였어요. 램프에 불을 켜면, 이 빛이 물

위키피디아

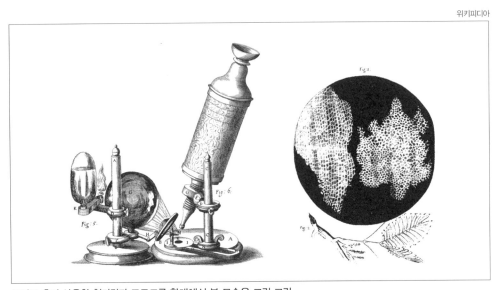

로버트 훅이 사용한 현미경과 코르크를 확대해서 본 모습을 그린 그림

로 채워진 둥근 플라스크에 모여요. 이 빛은 다시 볼록렌즈를 통과한 뒤 샘플을 비추는 형태이지요. 그러면 샘플을 밝게 비춰 주기 때문에 훨씬 선명하고 밝게 볼 수 있어요. 혹은 이 현미경으로 바늘, 면도칼, 섬유 등 다양한 물체를 확대해 보았고, 그 모습을 1665년《마이크로그라피아(Micrographia)》라는 책에 공개했어요. 이를 계기로 현미경은 많은 사람들에게 알려지면서 유명해지기 시작했답니다.

광학현미경의 종류

1) 과학실에서 사용하는 생물현미경

생물현미경은 의학 및 생물학 분야에 주로 사용돼요. 친구들이 과학실에서 많이 사용하는 현미경이기도 하지요. 물체를 통과한 빛이 두 개의 렌즈를 지나면서 굴절되어 물체의 모습이 확대되어 보이는 원리예요. 일반적으로 접안렌즈, 대물렌즈, 경통, 재물대, 조동나사, 미동나사, 조리개, 광원 장치로 구성되어 있답니다.

2) 반사된 빛으로 확대해 보는 실물현미경

실물현미경은 크기가 큰 물체의 표면을 자세하게 관찰하기 위해 사용해요. 물체의 표면에서 반사한 빛을 렌즈로 볼 수 있도록 해 주는 도구예요. 우리 눈이 반사된 빛을 보는 것과 같은 원리지요. 그래서 생물현미경과 달리 빛을 내는 광원 장치가 물체 위쪽에 있어요. 주 배율은 10~100배 정도로, 주로 해부할 경우 외부 구조를 관찰할 때 사용하지요. 또 실물현미경은 왼쪽과 오른쪽, 두 세트의 렌즈로 구성되어 있어, 입체감 있게 볼 수 있다는 점도 큰 특징이랍니다.

현미경의 구조

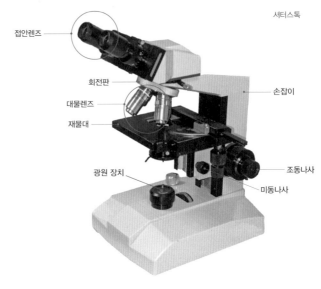

접안렌즈

셔터스톡

회전판

대물렌즈

재물대

손잡이

광원 장치

조동나사

미동나사

생물현미경

- **접안렌즈** : 우리가 직접 눈으로 들여다보는 부분이다. 물체를 확대해서 보여 주는 역할을 한다. 물체를 좀 더 자세히 보고 싶거나, 혹은 크게 보고 싶을 경우에는 배율이 다른 접안렌즈로 바꿔서 사용한다. 배율이 높을수록 렌즈의 길이가 짧다.
- **대물렌즈** : 우리가 관찰하고자 하는 물체를 확대해서 보여 주는 렌즈다. 일반적으로 하나의 현미경에 배율이 다른 대물렌즈를 3~4개 정도 바꿔 가며 쓸 수 있도록 돼 있다. 배율이 서로 다른 대물렌즈들은 회전판에 붙어 있다. 따라서 대물렌즈의 배율을 바꾸고 싶을 때는 회전판을 돌리면 된다.
- **재물대** : 현미경으로 관찰하고자 하는 물체를 올려놓는 곳이다. 대물렌즈의 아래쪽에 위치해 있다. 가운데에는 구멍이 뚫려 있는데, 이는 아래쪽에서 쏘는 빛이 통과하는 곳이다. 그 주변에는 클립이 있어서 관찰하고 싶은 물체가 놓여 있는 유리 슬라이드를 고정할 수 있다.
- **나사** : 물체는 재물대와 대물렌즈 사이의 거리에 따라 또렷하게 보이기도 하고, 흐리게 보이기도 한다. 따라서 재물대의 높낮이를 바꿔줘야 하는데, 이때 사용하는 것이 조동나사와 미동나사다. 조동나사를 돌리면 재물대의 높낮이가 크게 움직인다. 그래서 조동나사는 물체의 모습을 찾는 용도로 사용한다. 조동나사로 물체의 모습을 찾은 뒤에는 미동나사로 재물대의 위치를 미세하게 조절한다. 이를 이용해 재물대를 조금씩 움직여 물체의 모습이 선명하게 보이는 높이를 찾아낸다.
- **광원 장치** : 광원 장치는 물체를 비추는 빛을 쏘는 역할이다. 물체를 관찰하다가 어두워서 잘 안 보일 경우, 조리개를 열어 빛이 더 많이 들어오게 하면 된다.

실물현미경

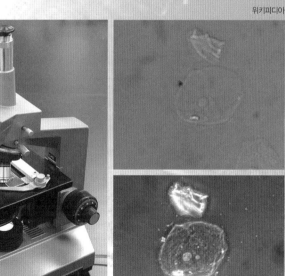

위상차현미경

3) 투명한 샘플을 볼 수 있는 위상차현미경

광학현미경은 물체의 밝고 어두움이나 색깔의 차이를 이용해서 물체를 관찰해요. 만약 관찰하려는 물체가 투명하다면 광학현미경으로는 그 구조를 관찰할 수 없지요. 이때는 위상차현미경을 사용하면 돼요.

위상차현미경은 색이 없고 투명한 시료라도 그 내부의 구조를 관찰할 수 있는 특수한 현미경이에요. 빛이 서로 다른 경로로 물체의 내부를 지나갈 때 만들어지는 빛의 차이를 이용해서 내부 구조를 더욱 뚜렷하게 보이도록 해 주지요. 관찰하고자 하는 샘플을 따로 염색할 필요가 없기 때문에 위상차현미경은 살아 있는 세포에 들어 있는 작은 기관을 관찰할 때 사용된답니다.

4) 암석의 구조를 관찰하는 편광현미경

셔터스톡

편광현미경은 광물의 성질을 조사하기 위해 사용하는 특수한 현미경이에요. 얇게 만든 광물이나 암석 조각에 한 방향으로만 진동하는 빛인 편광을 통과시켜서 관찰하지요. 햇빛이 강한 날 선글라스를 쓰면 물체가 더욱 뚜렷하게 보이는데, 이것이 바로 편광의 효과랍니다. 편광현미경을 사용하면 광물의 구조가 훨씬 더 분명하게 보여요. 따라서 편광현미경은 광물이 무엇인지 확인하고, 암석의 구조를 관찰하고 암석을 분류하는 데 주로 사용한답니다.

편광현미경

광학현미경의 한계

앞에서 공부했던 것처럼 광학현미경은 물체의 모습을 대물렌즈로 확대하고, 다시 접안렌즈로 확대해서 보는 장치예요. 과학자들은 물체를 더 자세히, 뚜렷하게 보기 위해 배율을 올리는 방법을 연구했지요. 하지만 배율을 올릴수록 물체는 흐리게 보였어요.

그 이유는 광학현미경이 가시광선을 이용하기 때문이에요. 만약 물체가 가시광선의 파장인 1㎛보다 작으면, 반사된 가시광선이 현미경 렌즈를 통과하더라도 더 이상 서로 구분을 할 수가 없게 된답니다. 따라서 광학현미경으로 볼 수 있는 가장 작은 물체의 크기는 약 0.00005mm예요. 원자는 이 한계 크기보다 1000분의 1 정도로 작기 때문에, 원자 크기의 물체를 보기 위해서는 전혀 다른 방법이 필요했답니다.

전자빔으로 보는 전자현미경(Electron Microscope, EM)

전자현미경은 빛 대신 전자가 만들어내는 파동을 이용해 물체를 관찰하는 특별한 현미경이에요. 유리로 만든 렌즈 대신 자기장을 형성할 수 있는 전자석으로 만든 전자렌즈를 사용해서 물체를 확대해 주지요. 전자현미경을 사용하면 머리카락 굵기의 1만 분의 1 크기의 작은 물체도 볼 수 있답니다.

전자를 사용해 물체를 확대해서 보는 건 독일의 과학자 한스 부쉬의 아이디어였어요. 한스 부쉬는 1926년, 움직이고 있는 전자가 자기장을 지나갈 때 전자의 운동 방향이 휘어진다는 사실을 발견해 세상에 알렸어요. 빛이 렌즈를 만났을 때 굴절하는 것과 같은 원리라고 해서 이 이론은 '전자의 자기장에 의한 렌즈 작용'이라고 불렸지요. 그리고 전자를 휘어지게 하는 자기장을 만드는 장치는 '전자렌즈'라고 불렀답니다. 이 원리를 바탕으로 전자현미경이 발명되었지요. 볼록렌즈가 빛을 모으듯이 전자를 모아 주는 현상이랍니다.

역사로 보는 전자현미경의 변화
사건 1) 낮은 배율에 실망했던 놀과 루스카!
가장 처음 전자현미경을 만든 사람은 1931년, 독일의 막스 놀과 제자인 에른스트 루스카예요. 두 사람은 최초의 투과전자현미경을 만들었지요. 공식적인 발표에 따르면 물체를 17.4배까지 확대할 수 있었다고 해요.

하지만 당시 광학현미경이 약 300배 이상 확대할 수 있었기 때문에 두 사람이 만든 배율은 매우 낮은 편이었어요. 놀과 루스카는 자신들이 만든 전자현미경이 광학현미경의 배율보다 낮다는 사실에 매우 실망해, 이 현미경을 '전자현미경'이라고 부르지 않기로 결정했지요.

위키피디아
에른스트 루스카

하지만 전자현미경의 배율을 높이기 위한 연구를 중단하지는 않았어요. 연구의 가장 큰 걸림돌은 열이 발생한다는 거예요. 배율을 높이기 위해서는 샘플에 전자를 더 많이 흡수시켜야 하고, 이를 위해선 전자빔의 세기를 높여야 했거든요. 그러나 샘플에 흡수된 전자는 열을 내뿜었고, 전자빔의 세기를 높일수록 이 열에 의해 샘플이 타버리기도 했답니다. 또 샘플과 렌즈의 초점거리도 문제점으로 지적되었지요.

두 사람은 이 문제점을 해결하기 위해 전자빔이 샘플에 닿는 면적을 줄이고, 열이 덜 나도록 하는 초점거리를 연구하는 데 집중했어요. 그 결과 1만 2000배의 배율로 확대할 수 있는 전자현미경을 만들 수 있었답니다. 이렇게 개발된 전자현미경은 샘플이 손상되지도 않았기 때문에 매우 획기적인 발명으로 손꼽히게 되었지요. 루스카는 전자현미경을 발명한 공로와 끊임없는 성능 개선에 기여한 공헌을 인정받아 1986년, 80세의 나이로 노벨 물리학상을 받았답니다.

사건 2) 전쟁으로 사라져 버린 최초의 주사전자현미경!

주사전자현미경은 전자를 물체에 통과시키는 대신 물체의 표면에 반사시키는 현미경이에요. 작은 물체의 표면을 확대해서 볼 수 있지요. 최초의 주사전자현미경은 1937년 벨기에의 맨프레드 폰 아드네에 의해 개발되었어요. 하지만 이 현미경은 1944년 베를린 공습 때 파괴되어 버렸지요. 따라서 최초의 주사전자현미경은 실체는 없고 역사 기록으로만 존재하게 되었답니다.

사건 3) 말톤, 전자현미경으로 처음 식물을 관찰하다!

1934년, 벨기에의 말톤은 전자현미경을 이용해 처음으로 생물 시료를 촬영하는 데 성공했어요. 말톤은 '끈끈이주걱'이란 식물의 잎을 얇게 잘라서 450배 확대해 관찰하였고, 그 모습을 저장해 두었지요.

전자현미경으로 생물 시료를 보기 위해선 샘플을 얇게 잘라야 해요. 말톤은 잎을 15㎛ 두께로 잘랐지요. 과학자들은 당시 기술로 봤을 때 말톤이 생물 시료를 매우 얇고 정밀하게 잘랐으며, 이는 매우 획기적인 일이라고 말했어요.

이후 전자현미경의 배율(분해능, 최소 식별 능력)을 높이기 위한 많은 노력이 이루어져서, 현재에는 단단한 외피를 갖고 있는 곤충을 살아 있는 채로 관찰할 수 있는 전자현미경과 100만 분의 1mm 크기인 원자를 관찰할 수 있는 전자현미경도 개발되었답니다.

주사전자현미경으로 본 꽃가루

전자현미경의 종류

1) 3D로 보여 주는 주사전자현미경

주사전자현미경은 물체의 표면을 3차원 사진으로 보여 줘요. 전자빔을 쏜 뒤 물체에 반사되어 돌아온 전자의 정보를 컴퓨터로 재구성한 거죠. 전자가 샘플면 위를 주사(Scanning)한다고 해서 '주사전자현미경'이라 불리게 되었지요.

3차원 사진으로 보여 주기 때문에 관찰하려는 샘플의 입체적인 모습을 볼 수 있어요. 하지만 흑백 사진이라는 점이 아쉬워요. 우리가 일반적으로 볼 수 있는 전자현미경 사진은 이해를 높이기 위해 촬영한 뒤 염색을 한 거랍니다.

2) 얇게 잘라 안을 관찰하는 투과전자현미경

투과전자현미경은 이름 그대로 전자빔을 샘플에 투과시켜 물체를 확대해

최초의 투과전자현미경

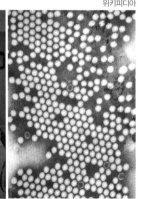

투과전자현미경으로 본 30nm의 폴리오바이러스

보는 도구예요. 반사된 전자의 정보를 이용하는 주사전자현미경과는 정반대의 원리죠.

전자를 투과시킨 정보이다 보니 주사전자현미경처럼 샘플 표면의 모습을 볼 수는 없어요. 하지만 샘플의 내부 모습이 어떤지 알아볼 수 있지요. 마치 X-레이(엑스선)를 찍어 우리 몸속의 뼈와 장기들을 보는 것처럼

말이에요. 이렇게 투과전자현미경으로 관찰하면 물체를 수십만 배 이상으로 크게 확대해서 볼 수 있답니다.

생체분자의 구조를 알아내는 X선 결정법!

1970년대까지만 해도 전자현미경으로 생체분자의 대략적인 형태만 볼 수 있었어요. 그래서 세포나 미생물 같은 생체분자의 구조를 연구하던 구조생물학자들은 전자현미경 대신 X선을 쏘아 물체의 모습을 알아내는 X선 결정법을 개발해 냈지요.

X선은 지난 1895년, 독일의 과학자 뢴트겐이 발견한 전자기파 중 하나예요. 뢴트겐은 이 전자기파를 발견한 뒤 '알 수 없는 광선'이라는 의미로 'X선'이라는 이름을 붙였답니다. X선은 파장이 짧고 물체를 쉽게 투과할 수 있는 성질을 갖고 있어요. 가시광선이 통과하지 못하는 물질까지 통과할 수 있지요. 그래서 어떤 물체에 X선을 통과시키면 나무와 섬유, 고무와 같은 물체로 이뤄진 곳은 하얗게, 납이나 뼈처럼 통과하지 못하는 곳은 까맣게 나타나요. 이렇게 X선이 통과할 수 있느냐 없느냐에 따라 흑백의 차이가 생기고, 이 차이점을 통해 물체의 모양을 예측할 수 있는 거랍니다. 우리가 병원에 가서 찍는 X-레이도 같은 원리를 이용한 거예요.

구조생물학자는 X선의 이러한 성질을 생체분자의 구조를 이해하는 데 활용하기 시작했어요.

셔터스톡

뢴트겐

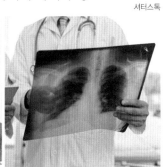

병원에서 많이 찍는 X-레이

단, 단백질을 차곡차곡 쌓아 결정을 만드는 과정이 필요하지요. X선은 결정과 충돌하면서 특별한 방법으로 흩어져서 독특한 산란 무늬를 만들어내요. X선이 만들어낸 산란 무늬를 수학적인 방법을 통해 3차원 사진으로 바꿀 수 있답니다. 이처럼 X선을 이용해 화합물을 구성하는 원자들의 위치와 구조를 알아내는 것을 X선 결정법이라고 해요. X선 결정법은 광학현미경처럼 우리에게 결정의 구조를 직접 보여 주지는 못해요. 그러나 우리 눈으로 직접 볼 수 없을 정도로 작은 원자들이 결정을 구성하는 모양으로 보여 준다는 점에서 현미경과 크게 다르지 않은 장치랍니다.

X선 결정법은 결정체와 분자의 구조를 조사하는 데 가장 중요한 도구가 되었어요. 이후 DNA의 이중나선 구조를 밝히는 데 중요한 역할을 했지요. 지금까지도 단백질 분자와 같은 고분자의 구조를 밝히는 데 사용되고 있답니다.

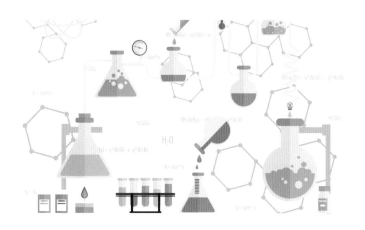

본격! 수상자들의 업적

렌즈에서부터 돋보기, 전자현미경까지……. 과학자들의 노력으로 다양한 현미경이 개발되었어요. 우리는 이 현미경을 통해 더 작은 세상을 볼 수 있게 되었어요. 미생물과 세포를 발견하면서 질병의 원인을 확인하고, 그에 알맞은 치료법을 개발할 수도 있었지요.

하지만 과학자들은 연구를 멈추지 않았어요. 현미경의 단점을 보완해서 물체를 더 정밀하고 뚜렷하게 확대해 보고 싶어 했지요. 특히 우리 몸을 이루고 있는 생체분자에 대한 호기심도 끊이지 않았어요. 생체분자가 실제로 활동하는 모습을 포착한다면, 우리 몸과 질병을 이해하는 데 더 큰 도움이 되거든요. 또한 이런 모습을 3차원으로 보는 기술 개발도 계속되었지요.

과학자들의 이런 호기심을 해결해 준 도구가 '극저온전자현미경'이랍니다. 2017 노벨 화학상을 수상하게 된 결정적인 이유이기도 하지요. 그렇다면 극저온전자현미경은 어떻게 만들어졌을까요? 2017 노벨 화학상을 수상한 과학자들의 연구를 통해 알아봐요~!

리처드 헨더슨 교수, 전자현미경에서 답을 찾다!

리처드 헨더슨 교수는 X선 결정법을 이용해 생체분자의 구조를 연구하던 과학자였어요. X선 결정법에 대한 연구로 영국 케임브리지대에서 박사 학위도 받았지요. 이후 그는 세포막 단백질의 구조를 알아보는 연구를 하기로 결심했어요. 세포막 단백질은 우리

리처드 헨더슨 교수

몸의 세포를 둘러싸 보호하고, 필요한 성분의 이동을 조절하는 얇은 막이에요. 인간 전체 유전자의 30%를 차지하고 있을 정도로 기본적인 생명 현상을 이해하는 데 중요한 역할을 하고 있지요.

리처드 헨더슨 교수는 세포막 단백질의 구조를 알아보기 위해 X선 결정법을 이용했어요. 하지만 연구가 뜻대로 되지 않았어요. 세포막을 구성하는 단백질을 결정으로 만들기 위해서 세포막을 파괴해야만 했거든요. 그런데 이 과정에서 단백질의 구조가 바뀌고, 결정은 만들어지지 않았거든요.

헨더슨 교수는 이 난관을 극복하기 위해 이런저런 방법을 다 써봤지만 결국 결정을 만드는 데 실패했어요. 결국 X선 결정법 대신 전자현미경을 이용하는 아이디어를 생각해 냈지요.

1930년대 처음 전자현미경이 개발됐을 때, 과학자들은 전자현미경이 생명이 없는 물질만 관측할 수 있다고 생각했어요. 전자빔을 강하게 만들어 샘플로 쏘면 선명한 고해상도 이미지를 얻을 수 있지만 생체분자가 타버린다는 단점이 있었거든요. 반대로 빔을 약하게 하면 이미지는 흐릿해지지요.

또 다른 문제는 전자현미경을 작동시키려면 샘플을 진공 상태에 둔 뒤 표면에 전자선을 쏴야 하는데, 생체분자는 진공 상태에서 수분을 잃고 구조가 변해 버린다는 거예요. 그렇게 되면 생체분자는 붕괴되어 원래의 구조를 잃고, 이 상태로 찍은 사진은 연구에 쓸 수 없게 된답니다. 그럼에도 전자현미경으로 생체분자를 관찰한다는 헨더슨의 아이디어는 매우 획기적이었어요.

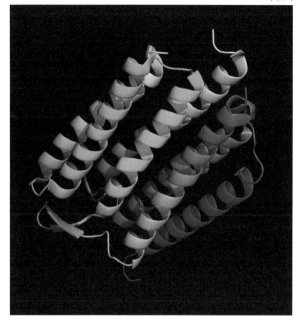

박테리오로돕신

일단 헨더슨 교수는 '박테리오로돕신'이라는 박테리아의 세포막 단백질을 보기로 했어요. X선 결정법처럼 단백질 결정을 만들 필요가 없었기 때문에 세포막을 제거하지 않은 상태 그대로 관찰하기로 했지요. 그리고 수분이 증발되는 것을 막기 위해 샘플 표면을 포도당 용액으로 코팅했어요.

이어서 샘플이 타는 것을 막기 위해 전자빔을 약한 상태로 조절해 쪼였어요. 역시 사진은 원하는 만큼 선명하지는 않았지요. 이를 해결하기 위해 헨더슨은 전자빔을 쏜 뒤 여러 각도에서 사진을 찍었어요. 세포막의 단백질들은 규칙적으로 배열돼 있어서, 전자빔을 받은 단백질들은 거의 같은 방식으로 빔을 회절시켰지요. 회절은 음파나 전파 같은 파가 어떤 물체에 부딪혔을 때 독특한 무늬를 만들어내는 현상을 말해요. 따라서 여러 각도에서 전자빔을 쏘아 여러 장의 이미지를 얻은 뒤 이 정보를 합쳐서 세포막 단백질의 구조를 3차원으로 알아낼 수 있었답니다.

헨더슨 교수는 이 방법을 통해 단백질 사슬이 세포막을 7차례에 거처 통과하는 특별한 모양으로 박혀 있다는 사실을 확인했어요. 그리고 1975년, 세계적인 학술지 '네이처'에 단백질 모형 사진과 함께 논문을 발표할 수 있었답니다. 헨더슨은 이에 만족하지 않고, 이후에도 꾸준히 해상도를 높이는 연구를 진행했어요. 그 결과 15년이 지난 1990년, 마침내 X선 결정법 수준만큼 정밀하고 또렷하게 박테리오로돕신의 구조를 얻어내는 데 성공했답니다.

요아힘 프랑크 교수, 2차원 사진을 3차원 사진으로 변신!

노벨위원회

요아힘 프랑크

리처드 헨더슨 교수는 전자현미경으로 X선 결정법만큼 선명한 3차원 이미지를 얻었어요. 하지만 과학자들은 여전히 의심의 끈을 놓지 않았어요. 전자현미경으로 생체분자를 관찰하는 건 세포막 안에 규칙적으로 배열된 단백질만 가능하다고 생각한 거죠.

하지만 요아힘 프랑크 미국 컬럼비아대 교수의 생각은 달랐어요. 다양한 각도에서 찍힌 단백질 2차원 이미지를 분류해 분석하면, 이 이미지들만으로도 정밀하고 또렷한 3차원 이미지를 얻을 수 있을 것이라고 믿었지요. 그리고 지난 1981년, 이 과정을 실현할 수 있는 컴퓨터 알고리즘을 만들었답니다.

3차원 구조 해석을 위한 프랑크 교수의 이미지 해석

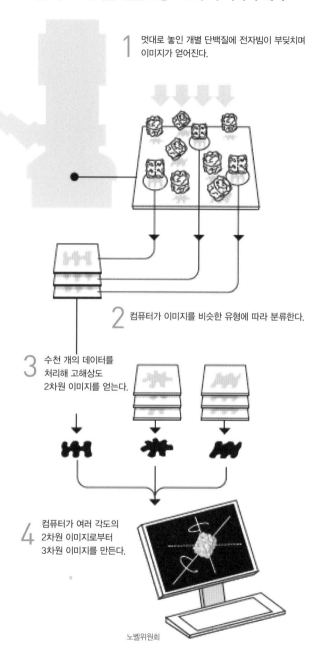

1 멋대로 놓인 개별 단백질에 전자빔이 부딪치며 이미지가 얻어진다.

2 컴퓨터가 이미지를 비슷한 유형에 따라 분류한다.

3 수천 개의 데이터를 처리해 고해상도 2차원 이미지를 얻는다.

4 컴퓨터가 여러 각도의 2차원 이미지로부터 3차원 이미지를 만든다.

노벨위원회

알고리즘은 우선 전자현미경으로 촬영한 여러 각도의 2차원 이미지를 인식해요. 그다음, 어떻게 다른 2차원 이미지를 연결할 것인지 분석하지요. 수학적인 방법을 통해 유사한 패턴의 이미지를 같은 그룹으로 묶고, 정보를 결합해 평균화한 뒤 하나의 선명한 3차원 이미지를 만드는 거예요.

프랑크 교수는 1980년대 중반 이 알고리즘을 발표했어요. 그리고 세포 속에서 단백질을 만드는 기관인 리보솜을 3차원 이미지로 만드는 데 성공했지요. 이 처리법은 이후 극저온전자현미경 기술 개발의 기반이 되었답니다.

자크 뒤보셰 교수, 급속 냉각으로 유리화하다!

스위스 로잔대

자크 뒤보셰 교수

전자현미경으로 물체를 볼 때 가장 중요한 것은 샘플이 진공 상태에서 망가지지 않게 하는 거예요. 그래서 리처드 헨더슨 교수는 시료 표면에 포도당 용액을 코팅하는 방법을 사용했지요. 하지만 포도당 방법만으로 모든 생체분자를 보호할 수는 없었어요.

과학자들은 이를 해결하기 위해 샘플을 얼리는 방법을 고안했어요. 관찰하려는 샘플을 물에 녹여서 얼린 뒤 현미경으로 관찰하는 거예요. 이 방법은 얼음이 물보다 증발되는 속도가 느리다는 사실에서 아이디어를 얻었지요. 하지만 얼리는 방법에

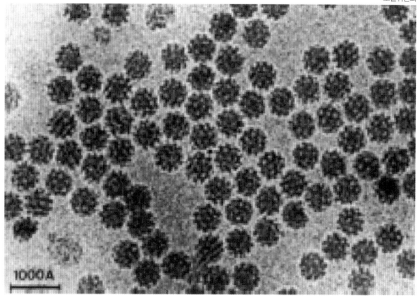

1984년 뒤보셰 교수팀이 물을 유리화해 얻은 바이러스의 전자현미경 사진

도 치명적인 단점은 있었어요. 일반적으로 물이 어는 과정에서 얼음 결정이 생기는데, 이 결정이 전자의 움직임을 방해해서 정확한 이미지를 얻을 수 없었지요.

자크 뒤보셰 교수는 물을 급속도로 얼리면 결정이 생기지 않는다는 사실에 주목했어요. 물 분자들이 결정으로 재배치되는 시간이 부족해 그대로 굳어버리는 거예요. 이러한 현상을 '유리화'라고 해요. 유리화로 만들어진 얼음은 물 분자의 배열이 제멋대로라 전자빔이 회절할 때 방해를 받지 않고, 제대로 된 이미지를 얻을 수 있는 거예요.

뒤보셰 교수는 물을 급속도로 얼리기 위해 액체질소를 이용하기로 했어요. 질소는 액체가 기체로 변하는 순간인 끓는점이 영하 196℃이기 때문에 실온에서 기체 상태예요. 상온에서 액체 상태로 존재하는 액체질소는 급격하게 기체로 변하려고 하는 성질을 갖고 있지요. 이때 주변 물체의 열을 빼앗아요. 따라서 물체를 액체질소에 넣으면 그 물체는 순식간에 얼어버리게 돼요.

뒤보셰 교수는 여러 번의 시도 끝에 단백질 샘플을 담은 물을 유리화하는 방법을 개발한 뒤 1984년, 이 방법으로 바이러스 입자의 사진을 얻는 데 성공했어요. 이후 뒤보셰 교수가 개발한 '유리화' 방법은 헨더슨 교수와 프랑크 교수를 비롯해 이 분야 연구자들에게 바로 받아들여졌고, 극저온전자현미경 연구가 활발해지는 계기가 되었어요. 2017 노벨 화학상의 분야가 그냥 전자현미경이 아니라 '극저온(cryo)'전자현미경이라는 이름이 붙은 이유도 바로 이 때문이랍니다.

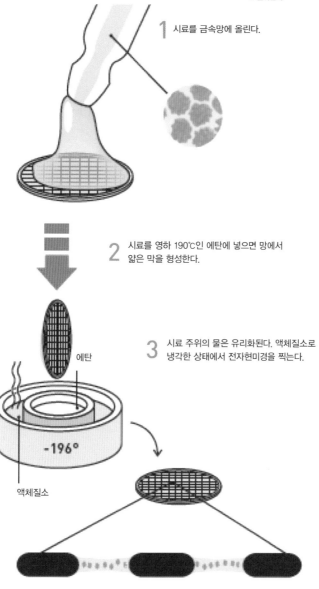

1 시료를 금속망에 올린다.

2 시료를 영하 190℃인 에탄에 넣으면 망에서
  얇은 막을 형성한다.

에탄

3 시료 주위의 물은 유리화된다. 액체질소로
  냉각한 상태에서 전자현미경을 찍는다.

-196°

액체질소

뒤보셰 교수팀은 물을 유리화하는 방법을 개발해
고해상도의 이미지를 얻는 데 성공했다.

확인하기

2017 노벨 화학상을 수상한 과학자들의 이야기를 잘 읽어 보았나요?
다음 문제를 풀면서 내용을 잘 이해했는지 확인해 보세요~!

01 다음 중 2017 노벨 화학상을 받지 않은 사람은 누구일까요?

① 자크 뒤보셰

② 마이클 로스배시

③ 리처드 헨더슨

④ 요아힘 프랑크

02 우리가 맨눈으로 볼 수 있는 가장 작은 크기는 무엇일까요?

① 0.1cm

② 100mm

③ 100㎛

④ 100㎚

03 우리가 물체를 볼 수 있는 것은 빛이 물체에 반사되었기 때문이에요. 빛이 뇌에 도달하기까지의 과정을 차례로 나열해 보세요.

빛 반사 → (　　　) → (　　　) → (　　　) → (　　　) → 뇌

① 유리체　② 망막　③ 수정체　④ 각막

04 다음이 설명하는 것은 무엇일까요?

빛의 양에 따라 동공의 크기를 크게 또는 작게 만든다. 그러면 이 변화로 인해 눈으로 들어오는 빛의 양을 조절할 수 있다. 만약 빛이 많을 경우 동공을 작게 만들고, 밤처럼 빛이 적을 경우 빛을 최대한 받기 위해 동공을 최대한 크게 만든다.

① 각막

② 망막

③ 홍채

④ 수정체

05 빈칸에 알맞은 말을 넣으세요.

(   )렌즈는 빛이 한곳으로 모이고, (   )렌즈는 밖으로 퍼져 나간다.

06 독일의 과학자 뢴트겐이 발견한 전자기파 중 하나예요. 이 전자기파를 발견한 뒤 '알 수 없는 광선'이라는 의미의 이름을 붙였지요. 이 전자기파의 이름은 무엇일까요?

① 가시광선

② X선

③ Y선

④ 라디오파

07 주로 광물의 성질을 조사하기 위해 사용하는 특수한 현미경은 무엇일까요?

① 편광현미경

② 주사전자현미경

③ 위상차현미경

④ 실체현미경

08 요아힘 프랑크 교수는 전자현미경으로 촬영한 2차원 이미지를 3차원으로 재구성하기 위해 이것을 사용했어요. 이것은 무엇일까요?

(   )

09 자크 뒤보셰 교수가 시료를 담은 물을 급속 냉동하기 위해 사용한 것은 무엇일까요?

① 산소

② 질소

③ 이산화산소

④ 액체질소

10 2017 노벨 화학상을 받은 과학자들은 이 현미경을 개발한 공로를 인정받았어요. 이 현미경은 무엇일까요?

(   )

정답

1. ②
2. ③
3. ④, ③, ①, ②
4. ③
5. 볼록, 오목
6. ②
7. ①
8. 컴퓨터 알고리즘
9. ④
10. 극저온전자현미경

아, 벌써 다 풀었나요?
정답은 아래쪽에 있어요!

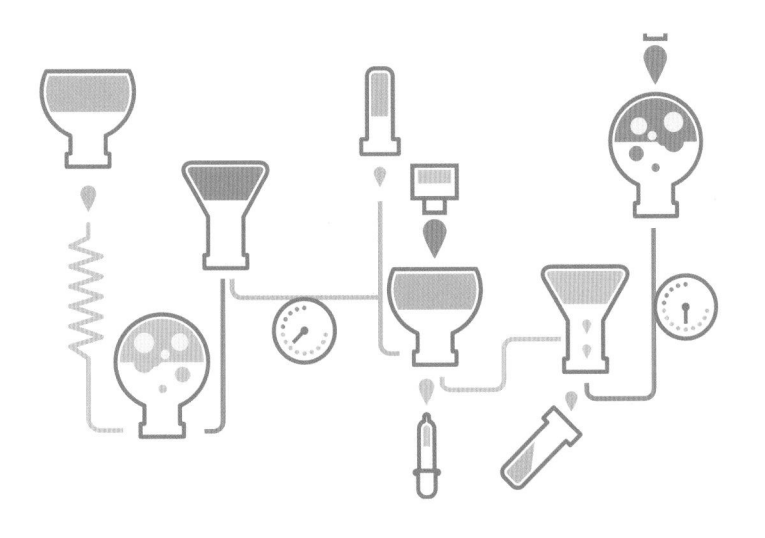

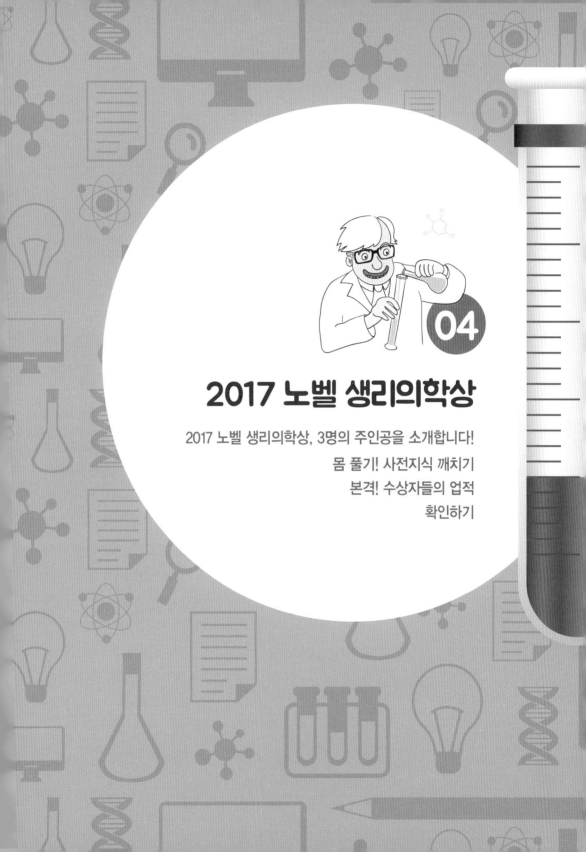

04

2017 노벨 생리의학상

2017 노벨 생리의학상, 3명의 주인공을 소개합니다!

몸 풀기! 사전지식 깨치기

본격! 수상자들의 업적

확인하기

2017 노벨 생리의학상, 3명의 주인공을 소개합니다!
- 제프리 홀, 마이클 로스배시, 마이클 영

2017년 10월 2일(현지 시간), 스웨덴 카롤린스카 의대 노벨위원회는 '사람을 비롯한 모든 동식물이 주기적인 생체리듬에 따라 활동한다는 사실'을 발견하고, 초파리 실험을 통해 이에 관여하는 '생체시계 유전자'의 존재와 작동하는 원리를 발견한 공로를 인정해 미국 과학자 세 명을 노벨 생리의학상 수상자로 선정했다고 밝혔어요.

세 명의 수상자는 각각 동일한 기여를 했다고 평가받았으며, 상금인 총 900만 크로나(약 12억 7000만 원)와 메달, 상장을 나눠 가졌지요.

2017 노벨 생리의학상 한 줄 평

" 꼬리에 꼬리를 물고 생체시계 유전자를 밝히다! "

노벨위원회

2017년 노벨 생리의학상 수상자들(왼쪽부터 제프리 홀, 마이클 로스배시, 마이클 영)

제프리 홀(Jeffrey C. Hall) **미국 메인대 교수**
· 1945년 미국 뉴욕에서 출생
· 1971년 시애틀에 있는 워싱턴대에서 박사 학위 받음
· 1971년부터 1973년까지 패서디나에 있는 캘리포니아공대에서 박사후과정 밟음
· 1974년 브랜다이스대 교수
· 2002년~현재 메인대 교수

노벨위원회

마이클 로스배시(Michael Rosbash) **미국 브랜다이스대 교수**
· 1944년 미국 캔자스에서 출생
· 1970년 케임브리지에 있는 메사추세츠공대에서 박사학위 받음
· 1970~1973년 동안 스코틀랜드에 있는 에딘버러대에서 박사후과정 밟음
· 1974년~현재 브랜다이스대 교수

Gairdner Foundation

마이클 영(Michael W. Young) **미국 록펠러대 교수**
· 1949년 미국 마이애미에서 출생
· 1975년 텍사스대에서 박사 학위 받음
· 1975년부터 1977년까지 스탠포드대에서 박사후과정 밟음
· 1978년~현재 록펠러대 교수

노벨위원회

몸 풀기! 사전지식 깨치기

아함~! 실컷 자고 일어나 두 팔을 머리 위로 쭉 폈더니 온몸에서 에너지가 흐르는 것처럼 기운이 나네요. 동생과 새로 출시된 게임을 시간 가는 줄도 모르고 하다가 문득 시계를 보니 밤 12시! 오늘은 월요일이라 학교에 가야 한다는 생각이 떠올라 허둥지둥 잠자리에 들었지요.

도대체 몇 시간이나 잤을까요? 커튼을 젖혀 창밖을 바라보니 저 멀리 해가 하늘을 붉게 물들이면서 산에 반쯤 걸쳐 있어요. 어둑어둑 깜깜해지는 중인 것 같기도 하고, 점점 하늘이 환해지는 것 같기도 하고. 이쯤 되니 슬슬 겁이 납니다. 혹시, 쿨쿨 자느라 아침도 지나고 점심때도 지나고 저녁때가 되어서야 잠에서 깬 것은 아니겠죠?

셔터스톡

새벽일까, 저녁일까. 생체시계는 알고 있을까.

갑자기 심장이 쿵쾅쿵쾅 뛰네요. 이불을 차고 일어나자마자 스마트폰 스크린을 밀어봅니다. 그런데 이게 웬일일까요? 하늘이 도우셨는지 현재 월요일 아침 7시입니다. 평소랑 똑같이 일어났네요!

시간 맞춰 졸리고 배고픈 이유는? 생체시계

평소보다 일찍 잠들었는데, 또는 늦게 잠들었는데 평소와 같은 시간에 일어나 본 경험은 누구나 해 봤을 겁니다. 미국이나 유럽 등 우리나라에서 아주 멀리 떨어진 나라에 가 본 적이 있

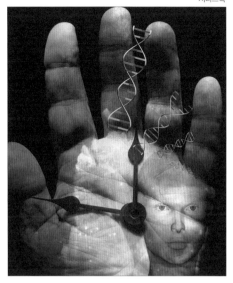

다면 시차 적응하느라 고생해 본 경험도 있을 거예요. 우리 몸은 일일이 시계를 보지 않아도 때가 되면 잠에서 깨어나고, 배가 고프고, 잠이 옵니다. 시계만큼 정확한 생체시계가 있기 때문입니다.

이 생체시계 덕분에 우리는 '새 나라의 어린이'처럼 정해진 시간에 잠을 자거나 일어나고, 배가 고픕니다. 그렇다면 생체시계는 우리 몸속 어디에 들어 있는 걸까요? 배고픔을 알려주는 '배꼽시계'라는 말도 있으니, 배꼽 주위에 있는 것일까요?

생체리듬이란 사람을 비롯한 동물과 식물, 즉 생명체가 가지고 있는 주기적인 변화 현상을 말해요. 겉으로는 수면이나 식욕하고만 관련이 있는 것 같지만 사실은 체온이나 혈압, 맥박 수, 체내 수분, 호르몬 분비 등 수많은 생리현상에서 생체시계가 작동하지요.

대부분의 생명체는 낮에는 활발하게 움직이고 밤이 되면 잠을 잡니다. 야간에 활동하는 부엉이나 올빼미, 고양이 같은 동물도 있지만, 생각해 보면 대부분의 생물들이 낮에 먹이를 잡거나 집을 짓지요. 이러한 일주기 생체리듬을 갖게 되는 원인은 생물들이 지구 자전에 따라 생활하기 때문이랍니다. 그래서 과학자들은 동식물이 낮과 밤의 환경적인 변화에 적응하기 위해 일주기적인 패턴을 갖게 됐다고 설명합니다. 이뿐만 아니라 몸이 활발하게 움직일 수 있는 기간과 휴식이 필요한 기간도 주기적으로 반복되며, 감성적으로 예민한 날과 느슨한 날도 주기적

셔터스톡

주행성 동물인 참새(왼쪽)와 야행성 동물인 올빼미(오른쪽)

으로 반복됩니다. 이렇게 우리 몸은 생체시계가 만드는 주기적인 패턴에 따라 생존하고 움직이며 감정을 느끼면서 살아가지요. 이러한 패턴은 낮과 밤처럼 하루마다 바뀌지 않아요. 일주일 주기로 변하는 경우도 있고, 한 달 주기로 변하는 경우도 있답니다.

생체시계에 대한 궁금증은 아주 오래전부터 시작됐어요. 당연히 과학자들은 우리 몸속에 특정한 시계가 있어서 시간마다 '잠을 자라',

우리 몸의 정확한 생체주기는 약 24.5시간!

셔터스톡

2005년 스위스 제네바대 분자생물학과 연구팀은 실험 참가자 열아홉 명의 체온과 호르몬 변화 등을 관찰했어요. 그리고 우리 몸이 따르는 주기적인 생체리듬이 평균 약 24시간 30분이라는 사실을 밝혀 냈지요. 이 연구결과는 국제학술지 '플로스 바이올로지(PLOS Biology)'에 실렸답니다.

'잠을 깨라'는 식으로 알람을 울린다고는 생각하지 않았어요. 다만 우리 몸속에서 어떤 일이 일어나 생체시계가 작동하는지 여러 가지 실험을 통해 밝혀냈답니다.

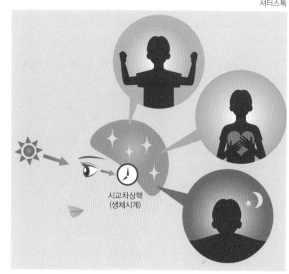

셔터스톡

시교차상핵
(생체시계)

우리 몸에는 두 가지 생체시계가 있어요. 하나는 사람을 비롯한 고등 생물체가 갖고 있는 뇌에 있답니다. 뇌에 있는 시교차상핵(Suprachiasmatic Nucleus)은 햇빛 등 외부 빛을 통해 시간대를 파악해 일주기대로 활동하도록 만들어요. 이 생체시계에 관여하는 신경세포는 1만 개가 넘지요.

다른 하나는 각각 세포 안에 들어 있는 생체시계예요. 과학자들은 다양한 실험을 통해, 여러 가지 유전자들이 복합적으로 생체시계처럼 작동한다는 사실을 알아냈지요. 그 공로로 세 과학자가 2017 노벨 생리의학상을 수상했어요. 이들은 세포마다 들어 있는 DNA에서 어떤 특정한 유전자들이 관여하는지 구체적으로 알아냈답니다.

놀랍게도 각기 다른 부위에 있지만, 이 두 가지 다른 형태의 생체시계는 각자 따로 노는 것이 아니랍니다. 둘이 함께 조화를 이루면서, 우리 몸이 일정하고 건강하게 생체리듬을 따라 행동할 수 있도록 만들지요.

생명과학자들이 초파리를 이용해 실험하는 이유는?

노벨 생리의학상을 받은 과학자들은 초파리를 이용해 생체시계가 작동하는 원리를 밝혀냈어요. 생체시계뿐 아니라 여러 생명과학 실험에서도 초파리가 쓰이지요. 그 이유는 무엇일까요? 초파리는 주변에서 흔히 볼 수 있는 곤충이에요. 우리 집에 초파리가 한 마리도 없는 것처럼 보이지만, 포도 껍질을 만 하루만 두어도 곧 그 주변으로 초파리 서너 마리가 붕붕 날아다니게 된답니다. 아무리 손으로 허공을 저어도 절대 잡히지 않으면서도 얼굴에 붙었다 떨어질 만큼 대범하며, 눈을 잠깐 뗀 사이에 다시 과일에 들러붙어 있는 맹랑한 초파리! 이렇게 초파리가 과일이 있다는 사실을 귀신 같이 알아채고 날아오는 비결은 달콤하고 시큼한 향기를 수백 미터 바깥에서도 맡을 수 있을 만큼 예민한 후각에 있답니다!

초파리는 사람에게는 너무 귀찮은 존재이지만, 사실 생명과학자들에게는 실험실에서 초파리에게 밥을 주면서 수만 마리씩 키울 만큼 소중하답니다. 전 세계적으로 초파리는 수천 종이나 되며, 생명과학 실험에서 사용되는 초파리는 노랑초파리(*Drosophilia melanogaster*)입니다.

1900년대 초, 초파리를 생명과학계 스타로 만든 사람은 토머스 모건 미국 컬럼비아대 교수예요. 모건 교수는 초파리의 염색체를 연구해 어떤 유전자가 어떤 기능을 하는지 밝혀냈어요. 그가 초파리를 이용해 이러한 관찰을 하게 된 이유는, 현재 과학자들이 초파리를 이용하는 이유와 같습니다. 먼저 초파리는 발견하기가 쉬워요. 과일 껍질만 놓아 두어도 여러 마리가 나타날 정도니까요. 또 크기가 매우 작아서 집단으로 키우기가 용이하답니다.

셔터스톡

초파리

초파리의 번식력이 좋은 것도 강점이에요. 초파리 암수 한 쌍은 알을 200개나 낳거든요. 이 알에서 애벌레가 깨어나 성체로 자라 다시 번식을 하는 데 걸리는 시간은 고작 열흘. 실험한 초파리의 자손이 어떤 형질을 갖고 있는지 한 달 안에 알 수 있는 셈이에요.

또한 초파리는 염색체를 네 쌍(여덟 개) 가지고 있어서, 유전자에 대한 연구를 하기가 다른 동물에 비해 쉬운 편이랍니다. 왜냐하면 생체에서 일어나는 기작(메커니즘) 중에서는 단 하나의 유전자가 아니라, 여러 개의 유전자가 복합적으로 작용하는 경우도 많기 때문이에요. 그러니까 유전자가 많을수록 유전자들이 복합적으로 얽혀 있을 확률이 높고, 유전자의 기능을 밝혀내기가 그만큼 어렵다는 얘기이지요.

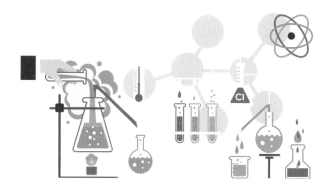

세포 내 터줏대감 DNA가 RNA 거쳐 단백질 되기까지

생체시계를 분명히 이해하기 위해서는 유전자에 대한 개념과 유전자가 하는 일에 대해서 알아두는 것이 좋아요. 유전자는 우리 몸의 DNA 안에 들어 있습니다. DNA는 사람뿐 아니라 동물, 식물, 세균, 심지어 생명체가 아닌 바이러스 안에도 들어 있어요. 가장 중요한 정보인 '유전물질'이기 때문이지요. 이 DNA는 동식물과 세균 등 생명체의 모든 세포마다 들어 있답니다.

사람을 비롯한 동식물은 세포에 핵이 들어 있어요. 핵이 있다는 얘기는 세포 안에 들어 있는 여러 소기관으로부터 유전물질이 따로 보관돼 있다는 것을 의미해요. 이 안에서는 터줏대감인 DNA가 우리가 살아가는 데 가장 중요한 정보를 움켜쥐고 있어요.

마치 아무렇게나 엉켜 있는 실타래처럼 보이는데, 이것을 다 풀어버린다고 가정하면 세포 하나에 들어 있는 DNA의 총 길이는 1.8m나 된답니다. DNA의 폭은 머리카락보다도 훨씬 얇아요. 약 3.2nm(나노미터)

셔터스톡

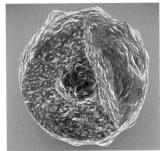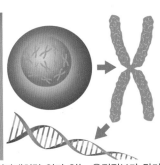

위키백과

세포(왼쪽)에 들어 있는 핵 안에는 실타래처럼 엉켜 있는 유전정보가 담겨 있다(오른쪽). 세포가 분열할 때에는 H자 모양의 염색체가 된다. 한 가닥씩 풀어 보면 DNA가 이중나선 구조를 띠고 있다.

로잘린드 프랭클린

랍니다. 머리카락 한 올의 두께(100마이크로미터)보다 약 10만 분의 1 정도 얇은 셈이지요. DNA가 얼마나 길고 얇은지 알겠지요?

1952년 영국의 생물물리학자인 로잘린드 프랭클린은 X선 회절 분석으로 DNA를 촬영했어요. X선 회절 분석은 어떠한 물질에 X선을 쏘았을 때, 몇몇 선줄기가 다른 특정한 방향으로 퍼지는 모양과 세기를 보고 물질의 구조를 알아내는 방법이에요. 예를 들면 같은 탄소원자로 이뤄진 흑연과 다이아몬드라도 X선 회절 분석을 하면 원자들이 전혀 다른 배열을 하고 있다는 걸 알 수 있지요.

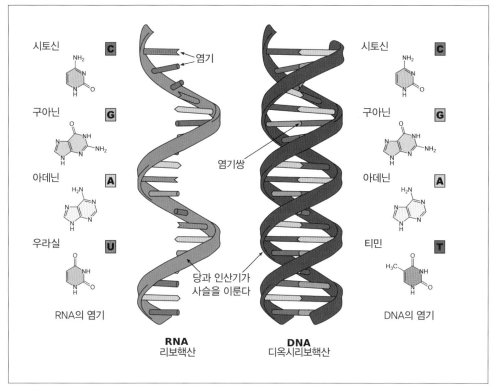

RNA와 DNA 분자 구조

프랭클린의 동료 생화학자였던 제임스 왓슨과 프랜시스 크릭은 그가 얻은 데이터를 보고 DNA 분자들이 기다란 사슬을 이뤘으며, 이 사슬 두 가닥이 꽈배기처럼 꼬여 있는 '이중나선 구조'라는 사실을 알아냈어요.

이중나선 구조란 두 가닥의 실선이 사슬 사다리처럼 꼬여 있는 모양을 말해요. 가닥마다 A, G, C, T 이렇게 네 가지 알파벳으로 나타낼 수 있는 염기가 줄줄이 사탕처럼 연결돼 있답니다. 이것을 토대로 세포핵 안에서는 DNA의 복사본인 RNA가 만들어져요. 이 과정을 '전사'라고 부르지요. RNA에는 DNA에 담겨 있던 유전정보가 고스란히 담겨 있어요.

RNA에 배열된 염기들은 세 개씩 단위로 아미노산(단백질을 구성하는 성분)을 만들 수 있어요. 즉, RNA에 적혀 있는 염기서열에 따라 아미노산을 만들어 이어붙이면 단백질이 된답니다. 이 과정을 '번역'이라고 불러요. 이렇게 전사와 번역 과정을 거쳐, DNA에 새겨진 정보대로 단백질을 만드는 일을 '유전자가 발현된다'고 말해요.

생체시계가 작동하는 일도 마찬가지랍니다. 생체시계와 관련된 유전자들이 각각 특정한 단백질을 만들면, 그 단백질들이 각각 생체리듬과 관련된 일을 해요. 어떤 녀석은 생체주기가 짧아지도록 몸속에서 여러 가지 일이 일어나게 재촉하고, 또 다른 녀석은 생체주기가 늘어나도록 늦장을 부리지요. 이렇게 여러 가지 유전자들이 작용하면서 24시간 주기로 거의 비슷한 시간에 잠에서 깨어 밥을 먹고 잠을 자도록 만들지요.

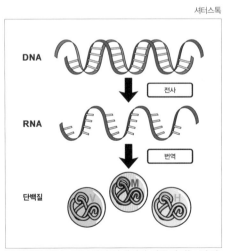

셔터스톡

DNA에서 RNA, RNA에서 단백질이 만들어지는 과정

DNA 분자 하나는 어떻게 생겼을까?

로잘린드 프랭클린과 동료들은 X선 회절 분석을 이용해 DNA가 이중나선 구조를 띠고 있다는 사실을 알아냈어요. 그렇다면 이 사슬을 이루고 있는 DNA 분자 하나하나는 어떻게 생겼을까요?

DNA 분자는 탄소 5개로 이뤄진 당(디옥시리보오스)에 인산과 염기가 붙어 있어요. 이런 구조를 띠는 분자를 뉴클레오티드라고 불러요. DNA를 이루는 단위이지요. 모든 DNA 분자는 똑같은 당과 인산으로 이뤄져 있어요. 하지

X선 회절로 찍은
DNA 이중나선 구조

만 염기의 경우, DNA마다 염기 네 종류 중 하나씩 갖고 있어요. 아데닌(A)과 구아닌(G), 티민(T), 시토신(C)이에요.

DNA 분자를 이루는 당에서 세 번째 탄소는 또 다른 DNA 분자의 인산기와 결합해요. 즉 DNA 분자들은 서로 결합해 기다란 사슬을 만들 수 있어요. 그리고 사슬은 서로 상보적인 염기끼리 짝을 이루어 결합하지요.

상보적이라는 말은 염기 중에 아데닌과 티민, 시토신과 구아닌처럼 서로하고만 짝을 이룰 수 있는 성질을 말해요. 염기들은 서로 수소결합을 하고 있는데 아데닌과 티민 사이보다는 시토신과 구아닌 사이에서 훨씬 더 강하답니다.

이런 상보적인 특성 덕분에 DNA의 한 가닥만 염기 서열을 알고 있어도 반대쪽 서열을 정확히 알아낼 수 있어요. 이렇게 DNA는 사슬 두 가닥이 염기끼리 붙어서 나선처럼 꼬여 있는 모양을 띠고 있어요. 왓슨과 크릭이 설명한 모습 그대로지요. 이들은 DNA의 이중나선 구조를 밝힌 공로로 1962년 노벨 생리의학상을 받았어요.

제임스 왓슨(왼쪽)과 프랜시스 크릭(오른쪽)은 DNA의 이중나선 구조를 최초로 밝혔다.

본격! 수상자들의 업적

동식물에게 생체시계가 있어 일정한 주기에 따라 활동한다는 생각은 이미 18세기 프랑스 천문학자인 장 자크 도르투 드 메랑이라는 사람이 했습니다. 그는 미모사가 낮에는 이파리를 활짝 펼쳤다가, 해가 지고 나면 잎을 마치 노트처럼 반으로 접어 버리는 모습에 주목했습니다. 그는 미모사가 낮과 밤을 구별해 잎을 펼치거나 오므린다고 생각했습니다. 그래서 자기의 생각이 맞는지 확인하기 위해 실험을 했지요. 미모사를 해가 뜨지 않는, 깜깜한 공간에 둔 것입니다. 그 결과 햇빛이 들지 않는 깜깜한 곳에서도 미모사는 낮 시간에는 잎을 펼치고, 밤 시간에는 잎을 오므렸습니다. 해를 보지 않고도 낮과 밤 주기에 맞게 활동하고 있다는 뜻이지요. 놀라운 실험 결과였지만, 당시까지만 해도 구체적으로 어떤 원리 때문에 낮과 밤에 따라 활동성이 달라지는지 알 수 없었답니다.

노벨위원회

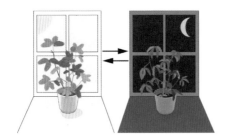

미모사는 낮 동안은 잎을 펼치고 밤에는 잎을 오므린다. 실험 결과, 햇빛이 들지 않는 깜깜한 곳에서도 미모사는 낮에만 잎을 펼쳤다. 일정한 주기에 따라 활동한다는 증거다.

곤드레만드레~ 밤낮 구별 못 하는 돌연변이 초파리

이후 과학자들은 식물뿐만 아니라 동물, 그리고 사람도 생체시계를 갖고 낮과 밤의 변화에 따라 몸 상태가 달라진다는 사실을 알게 되었습니다. 구체적으로 어떤 기작으로 인해 이러한 생체리듬이 생기는지 알아낼 수는 없었습니다. 유전자 수백 개가 복합적으로 관여해 나타나는 현상이므로, 생체시계 자체를 연구하기는 힘들 것이라고 생각했기 때문이지요.

그런데 1960년대 말, 시모어 벤저 미국 칼텍(캘리포니아공과대학) 교수는 수면이나 기억 등과 같은 행동이 특정 유전자에 의해 조절될 것이라고 생각했습니다. 하지만 당시까지만 해도 학계에서는 그다지 환영받지 못했지요. 다른 과학자들은 셀 수 없이 많은 유전자들이 복합적으로 작용해 행동으로 나타난다고 생각했기 때문이었습니다.

시모어 벤저 교수가 관심 분야 중 하나로 점찍은 것이 바로 생체시계였습니다. 초파리를 예로 들면, 아침에는 번데기에서 다 자란 성체 초파리가 깨어납니다. 그리고 낮이 되면 초파리들이 짝을 찾거나 먹이를 구하는 등 활발하게 행동하지요. 이렇게 초파리가 주기적인 일상을 보내도록 하는 유전자가 있을까요?

벤저 교수는 제자인 로널드 코놉카와 함께 실험을 했어요. 그들은

Harris WA(위키미디어)

시모어 벤저 교수

셔터스톡

실험을 하기 위해 초파리를 키우는 도구

초파리에게 여러 가지 돌연변이를 일으킨 다음, 마치 생체시계가 망가져버린 것처럼 비정상적으로 행동하는 녀석들만 골라냈습니다. 정상 초파리와 비교해 어떤 유전자에 돌연변이가 일어난 결과인지 밝혀내는 실험이었지요.

그 결과 한 유전자에 돌연변이가 생긴 초파리가 정상 초파리와 달리 낮과 밤을 구별하지 못하는 이상행동을 보였답니다. 벤저 교수와 코놉카는 이 돌연변이 초파리에서 망가져 있는 유전자의 이름을 '피어리어드(period)'라고 지었습니다. 이 유전자에 돌연변이가 생긴 초파리는 정상 초파리보다 길거나 짧은 주기, 즉 하루를 24시간보다 길거나 짧다고 생각하는 듯이 활동했답니다.

하지만 안타깝게도 이 두 사람은 2017 노벨상 수상에서 제외됐습니다. 그 이유는 노벨상은 현재 생존해 있는 사람에게만 수여하기 때문이지요. 벤저 교수는 2007년, 코놉카는 2015년 세상을 떠났습니다.

벤저 교수와 코놉카가 최초로 생체시계 유전자인 피어리어드를 발견한 이후, 코놉카를 비롯해 수많은 생명과학자들이 추가 연구를 해 왔습니다. 일단 1984년 코놉카는 제프리 홀, 마이클 로스배시와 함께 생체리듬이 깨진 돌연변이 초파리로부터 피어리어드 단백질을 분리해내는 데 성공합니다. 피어리어드 단백질은 피어리어드 유전자 DNA가 발현하면서 만들어낸 단백질 산물이지요. 이때 코놉카와 함께 연구했던 두 사람은 여러분이 잘 알고 있는 대로 2017년에 노벨 생리의학상을 수상했습니다.

제프리 홀 교수

마이클 로스배시 교수

'생체시계 유전자'가 있다!

         2017 노벨 생리의학상을 받은 과학자들의 가장 큰 업적은 생체시계 유전자들을 발견했다는 것 외에도, 이 유전자들이 어떻게 작동했으며 서로 어떠한 영향을 미쳤는지 구체적으로 알아냈다는 데에 있습니다. 과학자들은 이것을 '전사–번역 피드백'이라고 부릅니다.

  미국 브랜다이스대에서 함께 연구했던 홀 교수와 로스배시 교수, 그리고 록펠러대에서 연구했던 마이클 영 교수는 공동으로 또는 경쟁적으로 생체시계 유전자에 대한 연구 결과를 내놓았어요. 그들이 알아낸 생체시계 유전자의 작동 원리는 먼저 피어리어드 유전자가 전사하는 것으로부터 시작해요. 전사는 DNA가 발현될 때 일어나는 첫 번째 단계로, DNA로부터 복사본인 RNA가 만들어지는 과정을 말하지요. 이 과정에서 피어리어드 RNA가 생성됩니다. 이후 피어리어드 RNA로부터 피어리어드 단백질(PER)이 만들어지면서, 피어리어드 유전자가 발현됩니다. 이렇게 만들어진 단백질은 세포 안에 쌓이지요.

유럽보다 미국 갈 때 시차 적응 더 힘들다?

비행기를 타고 똑같이 10시간씩 이동하는데도 유럽으로 갈 때보다 미국으로 갈 때 시차 적응하기가 훨씬 힘들게 느껴져요.

최근 원래 살고 있던 지역을 중심으로 서쪽보다는 동쪽으로 이동할 때 시차 적응이 훨씬 어렵다는 연구 결과가 나왔답니다. 미국 메릴랜드대 전자컴퓨터공학과 연구팀이 여행하는 방향에 따라 시차 적응이 어떻게 이뤄지는지 컴퓨터 시뮬레이션을 한 결과예요.

우리 뇌에는 햇빛을 통해 시간대를 파악하고 일주기 리듬을 만드는 부위인 시교차상핵(Suprachiasmatic Nucleus)이 있어요. 이 부위에서 생체시계 작용을 하는 셈이지요.

연구팀은 시교차상핵이 갖고 있는 일주기 리듬에 따라 모델링을 했어요. 그리고 컴퓨터 시뮬레이션을 한 결과, 생체시계가 앞으로 당겨지는 것보다 뒤로 늦어질 때 적응하기가 훨씬 수월하다는 사실을 알아냈어요. 즉, 프랑스나 영국 등 유럽에 갔을 때는 우리나라의 현지 시각보다 단 7~8시간 늦춰진 것이므로 적응하기가 쉬워요. 하지만 미국 워싱턴 DC 등 비슷한 거리로 동쪽으로 갔을 경우에는 우리나라 현지 시각보다 14시간이나 늦춰지므로 시차 적응하기가 훨씬 어렵답니다.

위키미디어

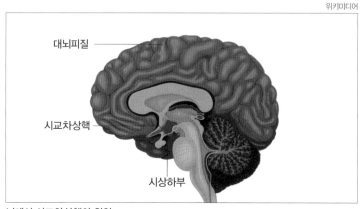

뇌에서 시교차상핵의 위치

재미있는 점은 저녁이 되었을 때에만 피어리어드 유전자의 전사 과정이 활성화된다는 사실이에요. 이후 피어리어드 RNA로부터 만들어진 단백질은 밤새 세포에 쌓이지요. 그랬다가 아침이 되면서 점차 그 양이 줄어듭니다. 그다음 날 저녁이 되면 피어리어드 유전자가 활발하게 발현되면서 단백질이 다시 많아지지요.

수상자들이 함께 있는 사진.
왼쪽부터 제프리 홀, 마이클 로스배시, 마이클 영 교수

하지만 피어리어드 단백질이 어떻게 주기적으로 많아졌다, 적어졌다를 반복하는지 알 수 없었습니다. 홀 교수와 로스배시 교수는 피어리어드 단백질이 자체적으로 자기 유전자를 방해한다고 생각했습니다. 즉, '억제 피드백'이 일어난다는 생각이었지요. 피드백이란 머리가 꼬리를 무는 것처럼 결과가 원인에 영향을 줄 수 있는 메커니즘입니다. 그러니까 두 교수의 생각이 맞다면 피어리어드 단백질이 유전자를 방해할 때는 단백질이 생기지 못하고, 방해하지 않을 때에만 단백질이 많이 생성될 수 있다고 말할 수 있지요.

피어리어드 유전자를 방해하는 짝꿍, 타임리스

하지만 이런 생각에도 한계가 있었습니다. 피어리어드 단백질이 자기 유전자가 발현되는 일을 막으려면 유전물질이 있는 세포핵으로 들어가야만 합니다. 홀 교수와 로스배시 교수는 세

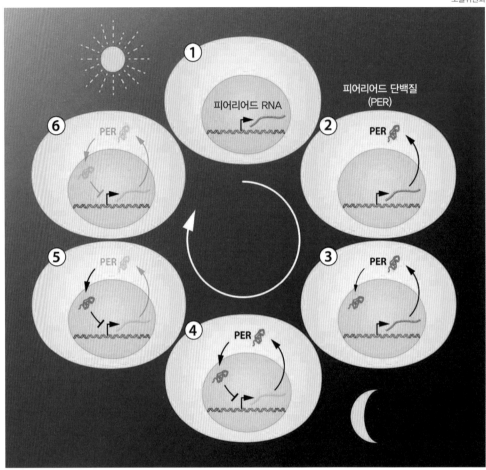

낮에는 세포 속 생체리듬이 어떻게 달라질까?

낮이 되면 피어리어드 단백질이 스스로 자기 유전자를 억제하는 생체리듬이 활성화한다. 피어리어드 유전자는 피어리어드 RNA를 만든다(①). 이 RNA는 세포핵 바깥으로 나가 피어리어드 단백질(PER)을 만든다(②). 이 단백질이 세포핵으로 들어와 쌓이면(③) 피어리어드 유전자가 더 이상 RNA를 만들지 못한다(④). 피어리어드 RNA가 생기지 않으면 피어리어드 단백질도 생기지 않는다(⑤). 결국 피어리어드 유전자가 발현하지 못한다(⑥).

사당오락은 없다?! 생체리듬에 맞는 공부법

하루에 네 시간만 자면서 공부하면 대학 입시에 성공하고 다섯 시간을 자면 떨어진다는 사당 오락이라는 우스갯소리가 있어요. 최근에는 이보다 더한, 하루에 세 시간만 자고 공부해야 한 다는 삼당사락이라는 말도 떠돌아요. 하지만 모두 과학적인 근거가 없는 얘기예요.

사람의 뇌는 보고 듣고 느끼면서 경험한 기억들을 해마에 보관했다가 잠을 자는 동안 중요한 정보만 걸러내 신피질로 보낸답니다. 해마에만 남아 있는 기억보다, 신피질로 저장된 정보만 이 오랫동안 기억할 수 있고 또 필요할 때 다시 떠올릴 수 있어요. 그런데 기억이 신피질에서 장기기억으로 기억되는 데에는 여섯 시간 정도 걸려요.

아무리 열심히 공부를 했더라도 잠을 여섯 시간 이상 충분히 자지 않으면, 공부한 내용이 단기 기억으로만 남아 있을 가능성이 높아요. 내가 공부한 것들이 오랫동안 머릿속에 남게 하고, 이 를 활용해 좋은 성적을 받으려면 충분한 수면이 필요하다는 뜻이지요.

셔터스톡

포핵 안에 피어리어드 단백질이 쌓여 있는 모습은 봤지만, 이 단백질이 언제 어떻게 해서 세포핵 안에 들어갔는지 밝혀낼 수가 없었습니다.

이에 대한 해답이라도 밝혀내려던 것일까요? 1994년 영 교수는 또 다른 생체시계 유전자인 타임리스(timeless)를 발견했답니다. 이 유전자가 발현되어 만들어진 타임리스 단백질 역시 정상적인 일주 생체리듬에서 꼭 필요한 역할을 했어요. 영 교수는 이 타임리스 단백질이 구체적으로 어떤 역할을 하는지 밝혀냈어요. 타임리스 단백질은 피어리어드 단백질과 결합할 수 있었답니다. 두 단백질은 결합한 상태로 세포핵 안으로 들어갔지요.

그리고 새벽이 되면 피어리어드 유전자에 들러붙어, 전사가 일어나는 것을 방해해요. 즉 피어리어드 유전자가 발현되지 않도록 방해하지요. 결국 낮 동안에는 피어리어드 RNA와 피어리어드 단백질의 수가 급격히 줄어든답니다. 이후 다시 저녁이 되면 피어리어드 유전자에 붙어 있는 두 단백질의 결합이 사라지면서, 다시 활발하게 피어리어드 단백질이 생성되지요. 이러한 과정이 하루 주기로 매일매일 반복해서 일어난답니다.

이렇게 피어리어드 단백질이 많아지면 발현을 방해해 줄어들게 만들고, 너무 줄어들면 다시 유전자가 발현되도록 해 단백질을 많이 생성하게 만드는 피드백 작용으로 생체시계가 작동합니다. 지금도 수많은 전 세계 과학자들은 이 피드백 과정에 관여하는 미세한 작용들에 대해 추가적으로 연구하고 있답니다.

이 과정은 초파리뿐만 아니라 사람을 비롯한 포유류에서도 나타납니다. 전사와 번역 과정뿐 아니라 이미 만들어진 단백질이 변형되거나 분해되는 과정에서도 여러 가지 피드백 과정이 있으며, 이런 모든 과정들

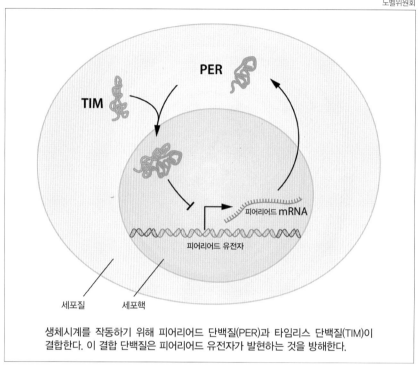

생체시계를 작동하기 위해 피어리어드 단백질(PER)과 타임리스 단백질(TIM)이
결합한다. 이 결합 단백질은 피어리어드 유전자가 발현하는 것을 방해한다.

이 복합적으로 관여해 생체시계처럼 작동한다는 사실도 밝혀지고 있답
니다.

영 교수는 이후 또 다른 생체시계 유전자인 더블타임(doubletime)을 발
견했답니다. 이 유전자는 타임리스와 마찬가지로 피어리어드 단백질이
많아지고 적어지는 데 영향을 미쳐요. 피어리어드 단백질이 축적되는
일을 방해하거든요.

이후 과학자들은 생체시계에 관여하는 유전자들을 추가로 더 찾았어
요. 지금까지 밝혀진 생체시계 유전자는 피어리어드와 타임리스, 더블
타임을 비롯해 클락(clock), 사이클(cycle), 크립토크롬(cryptochrome) 등이

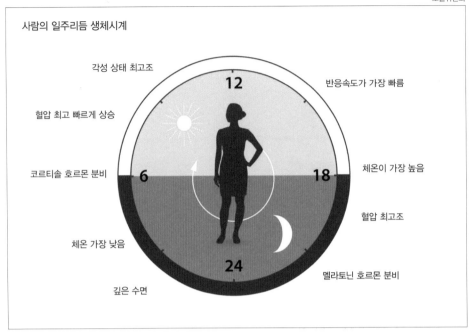

우리 몸에는 두 가지 생체시계가 있다. 하나는 뇌의 시교차상핵(Suprachiasmatic Nucleus)에서 햇빛 등 외부 빛을 통해 시간대를 파악해 일주기대로 움직이며, 다른 하나는 각각 세포 안에서 일주기적 기작이 일어난다. 두 가지 다른 형태의 생체시계는 각자 따로 노는 것이 아니라 온몸이 일정한 생체주기를 따르도록 조율한다. 2017 노벨 생리의학상을 수상한 연구 업적은 세포 내의 생체시계가 작동하는 원리를 밝혀낸 것이다.

있어요. 이러한 유전자들은 사람을 비롯해 쥐, 초파리, 심지어 세균에도 있답니다.

　이외에도 과학자들은 생체리듬이 깨지면 수면장애와 우울증, 면역성 질환이 생길 위험이 높아진다는 것을 밝혀내고, 이런 질환을 예방하고 치료하기 위해 생체리듬을 일정하게 유지하는 방법에 대해 연구하고 있어요. 또한 생체리듬을 깨뜨리는 환경적인 요인에 대해서도 연구하고 있지요.

가장 대표적인 연구 결과는 노르웨이 과학자들이 2015년 발표한 내용이에요. 연구팀은 스마트폰이나 태블릿PC 등 스크린이 있는 전자기기를 하루 4시간 이상 쳐다보면 잠드는 시간이 1시간 이상 늦어질 위험이 49% 높아진다는 연구 결과를 발표했어요. 연구팀은 특히 스마트폰이 생체리듬을 교란시켜 신경계를 자극해 수면장애를 일으키는 주범이라고 꼽았어요.

특히 청소년은 하루에 8~9시간 잤을 때 가장 '꿀잠을 잤다'고 느끼는데, 스마트폰을 2시간 이상 들여다본 청소년들은 수면시간이 5시간 이

국내 과학자들도 생체시계 유전자 찾았다!

생체시계에 대한 연구는 우리나라에서도 활발히 이뤄지고 있어요. 2011년 KAIST 생명과학과 최준호 교수팀은 미국 노스웨스턴대 연구팀과 함께 새로운 생체시계 유전자인 트웬티포(Twenty-four)를 발견했어요. 그리고 그 유전자가 생체리듬을 주기적으로 유지하는 데 어떤 작용을 하는지 메커니즘을 밝혀낸 연구 결과를 국제 학술지 '네이처'에 실었지요.

연구팀은 2006년 생체시계 유전자 후보 중 하나였던 cg4857(당시 이름)에 돌연변이를 만들었어요. 그러자 피어리어드 RNA에서 번역이 제대로 일어나지 못해 생체리듬이 26~27까지 늘어났지요. 연구팀은 cg4857 단백질이 피어리어드의 RNA에 달라붙어 번역을 돕는다는 결론을 내렸어요. 그리고 이 유전자에게 24시간 생체리듬을 맞춘다는 의미로 트웬티포(Twenty-four, 영어로 24라는 뜻)라고 이름 붙였답니다.

하인 비율이 3배나 높았답니다. 또한 스마트폰을 4시간 이상 들여다봤을 때에는 3.5배나 높았답니다.

생체시계야말로 우리 몸속에서 알아서 작동하는 '건강한 보약'이랍니다. 어느 동요의 노랫말처럼 일찍 자고 일찍 일어나고, 또 식사와 운동 등 규칙적인 생활을 해 생체시계를 튼튼히 만들어 볼까요? 그럼 자연스럽게 우리의 몸과 마음도 덩달아 건강해질 테니까요!

확인하기

2017 노벨 생리의학상을 수상한 과학자들의 업적에 대한 이야기를 잘 읽어 보았나요? 이번 수상자들은 우리 몸이 낮과 밤에 따라 일주기 리듬을 갖고 살아가는 '생체시계'가 작동하는 원리를 유전자 수준에서 구체적으로 밝혀낸 공로를 인정받았어요. 우리가 살아가는 데 꼭 필요한 생체시계에 대해 얼마나 잘 이해하고 있는지 한번 알아볼까요?

01 다음 중 2017 노벨 생리의학상을 받은 사람들을 모두 고르세요.

① 제프리 홀

② 마이클 로스배시

③ 마이클 영

④ 오스미 요시노리

02 다음 중 생명과학자들이 초파리를 실험에 이용하는 이유는 무엇일까요?

① 몸집이 커서

② 구하기가 쉬워서

③ 염색체가 없어서

④ 암수 한 쌍이 알을 하나씩 낳아서

03 우리 몸에서 생체시계가 있는 곳은 어디일까요?

(,   )

04 2005년 스위스 과학자들이 밝혀낸, 우리 몸의 정확한 생체주기는 몇 시간일까요?

(약   시간)

05 프랑스 과학자인 장 자크 도르투 드 메랑은 이 식물이 낮에는 잎을 펴고 밤에는 잎을 오므리는 모습을 보고 생체시계가 있을 것이라는 가설을 세웠어요. 이 식물의 이름은 무엇일까요?

① 라벤더
② 로즈마리
③ 프리지아
④ 미모사

06 미국 과학자 시모어 벤저 교수는 제자인 코놉카와 함께 세계 최초로 생체시계 유전자를 밝혀내는 데 성공합니다. 이 유전자의 이름은 무엇일까요?

① 트웬티포
② 타임리스
③ 피어리어드
④ 클락

07 서울에 살고 있던 친구들이 비행기를 타고 놀러갔습니다. 다음 중 시차 적응하기가 가장 어려운 사람은 누구일까요?

① 다니엘 : 일본 도쿄
② 지훈 : 프랑스 파리
③ 성우 : 미국 워싱턴 DC
④ 재환 : 중국 베이징

08 2017 노벨 생리의학상 수상자들은 생체시계 유전자들을 발견했을 뿐만 아니라, 유전자들이 각각 전사와 번역 과정 등에 서로 영향을 미쳤다는 사실을 발견했습니다. 전사는 어떤 과정을 말하는 걸까요?

① DNA에서 DNA를 복제한다.
② DNA에서 RNA를 만든다.
③ RNA에서 단백질을 만든다.
④ 단백질끼리 서로 결합한다.

09 '유전자가 발현된다'는 말은 DNA에서 RNA가 만들어진 다음, 최종적으로 이것이 만들어진다는 뜻인데요. 이것은 무엇일까요?

(   )

10 다음 중 생체리듬이 깨지기 쉬운 사람은 누구일까요?

① 가영 : 하루에 세 끼 식사를 꼭 챙겨 먹는다.
② 나영 : 매일 아침 반드시 30분씩 줄넘기를 한다.
③ 다영 : 밤마다 이불 속에서 스마트폰으로 SNS를 한다.
④ 라영 : 일찍 자고 일찍 일어난다.

와, 벌써 다 풀었나요?
정답은 아래쪽에 있어요!

10. ③

09. 단백질

08. ②

07. ③

06. ③

05. ④

04. 약 24.5시간

03. 시교차상핵(Suprachiasmatic Nucleus), 세포

02. ②

01. ③, ①, ②

정답

참고 자료

2017 노벨 물리학상

· 《중력파 : 아인슈타인의 마지막 선물》, 오정근, 동아시아, 2016.

· 《교양 있는 우리 아이를 위한 과학사 이야기》 4, 5, 조이 해킴, 꼬마이실, 2010.

· 《에딩턴이 들려주는 중력 이야기》, 송은영, 자음과모음, 2011.

· 《초등과학뒤집기-중력》, 임진영, 성우주니어, 2008.

· 《과학공화국 물리법정-상대성이론》, 정완상, 자음과모음, 2008.

· 《어린이과학동아》 2016년 6호, 〈아인슈타인의 중력파 이야기〉.

· 《과학동아》 2017년 11월호, 〈2017 노벨과학상〉.

2017 노벨 화학상

· 노벨위원회(The Official Web Site of the Nobel Prize) nobelprize.org

· 《현미경 속 작은 세상의 비밀》, 예림당.

· 《(선생님이 교과서에서 뽑은) 현미경 속의 세계》, 지경사.

· 《(현미경으로 본 세상) 웰컴 투 더 마이크로월드》, 이치 Science.

· 〈분자생물학 뉴스레터 2015.01.04〉, 세포막 단백질 구조 및 기능 연구실.

· 한국전자현미경학회지 제33권 제2호. "History of Microscope from the Magnifying Glass to the Field Emission Electron Microscope."

2017 노벨 생리의학상

· 노벨위원회(The Official Web Site of the Nobel Prize) nobelprize.org

· 《생명과학대사전》 초판 2008, 개정판 2014.

· "The Period Length of Fibroblast Circadian Gene Expression Varies Widely among Human Individuals." doi:10.1371/journal.pbio.0030338

· "The Novel Gene Twenty-four Defines a Critical Translational Step in the Drosophila Clock." doi:10.1038/nature09728

· 〈2017 노벨생리의학상 생체시계 유전자들의 하모니 '분자시계' 규명〉, 임정훈 울산과학기술원(UNIST) 생명과학부 교수, 《과학동아》 2017년 11월호.

· 〈스마트폰 4시간 이상 보면 1시간 늦게 잠들어〉, 동아사이언스 기사. http://dongascience.donga.com/news.php?idx=6057

· Zehring, W.A., Wheeler, D.A., Reddy, P., Konopka, R.J., Kyriacou, C.P., Rosbash, M., and Hall, J.C. (1984). "P-element transformation with period locus DNA restores rhythmicity to mutant, arrhythmic Drosophila melanogaster." Cell 39, 369-376.

· Bargiello, T.A., Jackson, F.R., and Young, M.W. (1984). "Restoration of circadian behavioural rhythms by gene transfer in Drosophila." Nature 312, 752-754.

· Siwicki, K.K., Eastman, C., Petersen, G., Rosbash, M., and Hall, J.C. (1988). "Antibodies to the period gene product of Drosophila reveal diverse tissue distribution and rhythmic changes in the visual system." Neuron, 141-150.

· Hardin, P.E., Hall, J.C., and Rosbash, M. (1990). "Feedback of the Drosophila period gene product on circadian cycling of its messenger RNA levels." Nature 343, 536-540.

· Liu, X., Zwiebel, L.J., Hinton, D., Benzer, S., Hall, J.C., and Rosbash, M. (1992). "The period gene encodes a predominantly nuclear protein in adult Drosophila." J Neurosci 12, 2735-2744.

· Vosshall, L.B., Price, J.L., Sehgal, A., Saez, L., and Young, M.W. (1994). "Block in nuclear localization of period protein by a second clock mutation, timeless." Science 263, 1606-1609.

· Price, J.L., Blau, J., Rothenfluh, A., Abodeely, M., Kloss, B., and Young, M.W. (1998). "double-time is a novel Drosophila clock gene that regulates PERIOD protein accumulation." Cell 94, 83-95.